强制性条文速查系列手册

给水排水与暖通强制性条文速查手册

闫 军 主编

中国建筑工业出版社

图书在版编目(CIP)数据

给水排水与暖通强制性条文速查手册/闫军主编. —北京:中国建筑工业出版社，2013.4
(强制性条文速查系列手册)
ISBN 978-7-112-15303-9

Ⅰ.①给… Ⅱ.①闫… Ⅲ.①给水工程-规范-中国-手册 ②排水工程-规范-中国-手册 ③采暖设备-规范-中国-手册 ④通风设备-规范-中国-手册 Ⅳ.①TU991-65 ②TU3-65

中国版本图书馆 CIP 数据核字(2013)第 064170 号

强制性条文速查系列手册
给水排水与暖通强制性条文速查手册
闫 军 主编

*

中国建筑工业出版社出版、发行(北京西郊百万庄)
各地新华书店、建筑书店经销
北京红光制版公司制版
北京市密东印刷有限公司印刷

*

开本：850×1168 毫米 1/32 印张：9⅛ 字数：247 千字
2013 年 5 月第一版 2013 年 5 月第一次印刷
定价：**39.00** 元
ISBN 978-7-112-15303-9
(23363)

本书为“强制性条文速查系列手册”第四分册。共收录给水排水类规范106本，暖通类规范28本。强制性条文千条左右。第一篇给水排水包括：建筑给水排水、给水工程、排水工程、城市与城镇建设给水排水、工业给水排水、消防（包括防火设计、灭火系统设计、消防验收、工业防火）、相关规范强条节选。第二篇供热暖通空调包括：建筑供热采暖通风空调、城镇供热。

本书供给水排水、暖通、设备、安装、环境、城市建设、市政等工程技术人员、管理人员及其他从业人员使用，并可供结构、施工、监理、安全、材料等工程建设领域人员学习参考。

* * *

责任编辑：郭　栋
责任设计：赵明霞
责任校对：张　颖　关　健

前　言

《工程建设强制性条文》是工程建设过程中的强制性技术规定，是参与建设活动各方执行工程建设强制性标准的依据。执行《工程建设强制性条文》既是贯彻落实《建设工程质量管理条例》的重要内容，又是从技术上确保建设工程质量的关键。强制性条文的正确实施，对促进房屋建筑活动健康发展，保证工程质量、安全，提高投资效益、社会效益和环境效益都具有重要的意义。

强制性条文的内容，摘自工程建设强制性标准，主要涉及人民生命财产安全、人身健康、环境保护和其他公众利益。强制性条文的内容是工程建设过程中各方必须遵守的。按照建设部第 81 号令《实施工程建设强制性标准监督规定》，施工单位违反强制性条文，除责令整改外，还要处以工程合同价款 2% 以上 4% 以下的罚款。勘察、设计单位违反工程建设强制性标准进行勘察、设计的，责令改正，并处以 10 万元以上 30 万元以下的罚款。2012 年以来，结构类与施工质量验收类规范更新较多。“强制性条文速查系列手册”搜集整理了最新的工程建设强制性条文，共分建筑设计、结构与岩土、建筑施工、给水排水与暖通、交通工程五个分册。五个分册购齐，工程建设强制性条文就齐全了。搜集、整理花费了不少的时间和心血，希望读者喜欢。五个分册的名称如下：

- 《建筑设计强制性条文速查手册》
- 《建筑结构与岩土强制性条文速查手册》
- 《建筑施工强制性条文速查手册》
- 《给水排水与暖通强制性条文速查手册》
- 《交通工程强制性条文速查手册》

本书由闫军主编，参加编写的有张爱洁、吕敏、罗建军、李文超、乔光伟、陈芳、叶萍、李朝芬、向洪涛、王新、刘云霞、刘万忠、李元贵、田峰、李强、张超、潘娟、赵海龙、赵莉。

目　　录

第一篇　给 水 排 水

第二篇 供热暖通空调

第一篇　给 水 排 水

第一章　建筑给水排水

一、《建筑给水排水设计规范》GB 50015—2003，2009年版

3.2.3　城镇给水管道严禁与自备水源的供水管道直接连接。

3.2.4　生活饮用水不得因管道内产生虹吸、背压回流而受污染。

3.2.5　从生活饮用水管道上直接供下列用水管道时，应在这些用水管道的下列部位设置倒流防止器：

1　从城镇给水管网的不同管段接出两路及两路以上的引入管，且与城镇给水管形成环状管网的小区或建筑物，在其引入管上；

2　从城镇生活给水管网直接抽水的水泵的吸水管上；

3　利用城镇给水管网水压且小区引入管无防回流设施时，向商用的锅炉、热水机组、水加热器、气压水罐等有压容器或密闭容器注水的进水管上。

3.2.6　严禁生活饮用水管道与大便器（槽）、小便斗（槽）采用非专用冲洗阀直接连接冲洗。

3.2.9　埋地式生活饮用水贮水池周围10m以内，不得有化粪池、污水处理构筑物、渗水井、垃圾堆放点等污染源；周围2m以内不得有污水管和污染物。当达不到此要求时，应采取防污染的措施。

3.2.10　建筑物内的生活饮用水水池（箱）体，应采用独立结构形式，不得利用建筑物的本体结构作为水池（箱）的壁板、底板及顶盖。

生活饮用水水池（箱）与其他用水水池（箱）并列设置时，应有各自独立的分隔墙。

3.2.14　在非饮用水管道上接出水嘴或取水短管时，应采取防止

误饮误用的措施。

3.2.3A　中水、回用雨水等非生活饮用水管道严禁与生活饮用水管道连接。

卫生器具和用水设备、构筑物等的生活饮用水管配水件出水口应符合下列规定：

1　出水口不得被任何液体或杂质所淹没；

2　出水口高出承接用水容器溢流边缘的最小空气间隙，不得小于出水口直径的2.5倍。

3.2.4C　从生活饮用水管网向消防、中水和雨水回用水等其他用水的贮水池（箱）补水时，其进水管口最低点高出溢流边缘的空气间隙不应小于150mm。

3.2.5A　从小区或建筑物内生活饮用水管道系统上接至下列用水管道或设备时，应设置倒流防止器：

1　单独接出消防用水管道时，在消防用水管道的起端；

2　从生活饮用水贮水池抽水的消防水泵出水管上。

3.2.5B　生活饮用水管道系统上接至下列含有对健康有危害物质等有害有毒场所或设备时，应设置倒流防止设施：

1　贮存池（罐）、装置、设备的连接管上；

2　化工剂罐区、化工车间、实验楼（医药、病理、生化）等除按本条第1款设置外，还应在其引入管上设置空气间隙。

3.2.5C　从小区或建筑物内生活饮用水管道上直接接出下列用水管道时，应在这些用水管道上设置真空破坏器：

1　当游泳池、水上游乐池、按摩池、水景池、循环冷却水集水池等的充水或补水管道出口与溢流水位之间的空气间隙小于出口管径2.5倍时，在其充（补）水管上；

2　不含有化学药剂的绿地喷灌系统，当喷头为地下式或自动升降式时，在其管道起端；

3　消防（软管）卷盘；

4　出口接软管的冲洗水嘴与给水管道连接处。

3.5.8　室内给水管道不得布置在遇水会引起燃烧、爆炸的原料、产品和设备的上面。

3.9.9 水上游乐池滑道润滑水系统的循环水泵，必须设置备用泵。

3.9.12 游泳池和水上游乐池的池水必须进行消毒杀菌处理。

3.9.14 使用瓶装氯气消毒时，氯气必须采用负压自动投加方式，严禁将氯直接注入游泳池水中的投加方式。加氯间应设置防毒、防火和防爆装置，并应符合国家现行有关标准的规定。

3.9.24 比赛用跳水池必须设置水面制波和喷水装置。

3.9.18A 家庭游泳池等小型游泳池当采用生活饮用水直接补（充）水时，补充水管应采取有效的防止回流污染的措施。

3.9.20A 游泳池和水上游乐池的进水口、池底回水口和泄水口的格栅孔隙的大小，应防止卡入游泳者手指、脚趾。泄水口的数量应满足不会产生负压造成对人体的伤害。

4.2.6 当构造内无存水弯的卫生器具与生活污水管道或其他可能产生有害气体的排水管道连接时，必须在排水口以下设存水弯。存水弯的水封深度不得小于50mm。严禁采用活动机械密封替代水封。

4.3.4 排水管道不得穿越生活饮用水池部位的上方。

4.3.5 室内排水管道不得布置在遇水会引起燃烧、爆炸的原料、产品和设备的上面。

4.3.6 排水横管不得布置在食堂、饮食业厨房的主副食操作、烹调和备餐的上方。当受条件限制不能避免时，应采取防护措施。

4.3.13 下列构筑物和设备的排水管不得与污废水管道系统直接连接，应采取间接排水的方式：

1 生活饮用水贮水箱（池）的泄水管和溢流管；

2 开水器、热水器排水；

3 医疗灭菌消毒设备的排水；

4 蒸发式冷却器、空调设备冷凝水的排水；

5　贮存食品或饮料的冷藏库房的地面排水和冷风机溶霜水盘的排水。

4.3.19　室内排水沟与室外排水管道连接处，应设水封装置。

4.3.3A　排水管道不得穿越卧室。

4.3.6A　厨房间和卫生间的排水立管应分别设置。

4.5.9　带水封的地漏水封深度不得小于 50mm。

4.5.10A　严禁采用钟罩（扣碗）式地漏。

4.8.4　化粪池距离地下水取水构筑物不得小于 30m。

4.8.8　医院污水必须进行消毒处理。处理后的水质，按排放条件应符合现行的《医疗机构污水排放要求》。

5.4.5　燃气热水器、电热水器必须带有保证使用安全的装置。严禁在浴室内安装直接排气式燃气热水器等在使用空间内积聚有害气体的加热设备。

5.4.20　膨胀管上严禁装设阀门。

二、《公共浴场给水排水工程技术规程》CJJ 160—2011

6.2.3　公共热水浴池充水和补水的进水口必须位于浴池水面以下，其充水和补水管道上应采取有效防污染措施。

6.2.12　当公共浴池设有触摸开关时，应符合下列规定：

1　应具有明显的识别标志；

2　应具有延时设定功能；

3　应使用 12V 电压；

4　防护等级应为 IP68。

7.1.1　公共浴池循环水净化处理工艺流程中必须配套设置池水消毒工艺。

7.1.5　公共浴池严禁采用液态氯和液态溴对池水进行消毒。

12.6.3　塑料管道严禁明火烘弯。已安装的塑料管道不得作为吊架、拉盘等功能使用。

13.5.1　公共浴池水质检测余氯时应使用二乙基对苯二胺（DPD）试剂，不得使用二氨基二甲基联苯（OTO）试剂。

三、《游泳池给水排水工程技术规程》CJJ 122—2008

3.2.1 池水的水质应符合国家现行行业标准《游泳池水质标准》CJ 244的规定。

4.10.2 池底回水口的设置应符合下列规定：

1 回水口数量应满足循环水流量的要求，每座游泳池的回水口数量不应少于 2 个；

2 回水口的位置应使各给水口水流均匀一致；

3 回水口应采用坑槽形式，坑槽顶面应设格栅盖板并与游泳池底表面相平；格栅盖板、盖座与坑槽之间应固定牢靠，紧固件应设有防止伤害游泳者的措施；

4 回水口格栅盖板开口孔隙的宽度不应大于 8mm，且孔隙的水流速度不应大于 0.2m/s。

6.1.1 游泳池的循环水净化处理系统中必须设有池水消毒工艺。

6.2.2 臭氧应采用负压方式投加在过滤器之后或之前的循环水管道上。

6.3.5 采用氯气消毒时，必须采用负压自动投加到游泳池循环进水管道中的方式，严禁将氯直接注入游泳池水中的投加方式。

9.1.1 跳水池必须设置水面空气制波和喷水制波装置。

13.6.4 各种承压管道系统和设备，均应做水压试验；非承压管道系统和设备应做灌水试验。

14.2.2 当发现池水中有大量血、呕吐物或腹泻排泄物及致病菌时，应按下列规定进行处理：

1 撤离游泳者，关闭游泳池；

2 收集呕吐物或排泄物；

3 采用 10mg/L 的氯消毒剂对池水进行冲击处理；

4 对池壁、池底、池岸、回水口（槽）、溢水口（槽）、平（均）衡水池等相关设施应进行消毒、刷洗和清洁；

5 投加混凝剂对池水过滤 6 个循环周期后，应对过滤器进行反冲洗，反冲洗水应排入排水管道；

6　检测池水中 pH 值和余氯值，并应使其稳定在规定范围内；

7　对配套的洗净设施、更衣间、淋浴间和卫生间等部位的墙面、地面和相关设施应进行消毒、刷洗和清洁；

8　本条第 1 款至第 7 款处理完成后，应经疾病预防控制中心、卫生监督部门确认合格，并同意重新开放时，方可正式重新开放使用。

四、《游泳池水质标准》CJ 244—2007

4.1　游泳池原水和补充水水质要求

4.1.1　游泳池原水和补充水水质必须符合 GB 5749 的要求。

4.3.1　游泳池池水水质常规检验项目及限值应符合表 1 的规定。

表 1　游泳池池水水质常规检验项目及限值

序号	项　　目	限　　值
1	浑浊度	≤1NTU
2	pH 值	7.0～7.8
3	尿素	≤3.5mg/L
4	菌落总数（36℃±1℃，48h）	≤200CFU/mL
5	总大肠菌群（36℃±1℃，24h）	每 100mL 不得检出
6	游离性余氯	0.2～1.0mg/L
7	化合性余氯	≤0.4mg/L
8	臭氧（采用臭氧消毒时）	≤0.2mg/m^3 以下（水面上空气中）
9	水温	23～30℃

五、《城市公共厕所设计标准》CJJ 14—2005

3.5.8　在管道安装时，厕所下水和上水不应直接连接。洗手水必须单独由上水引入，严禁将回用水用于洗手。

六、《冷库设计规范》GB 50072—2010

8.1.2　冷库生活用水、制冰原料水和水产品冻结过程中加水的水质应符合现行国家标准《生活饮用水卫生标准》GB 5749 的规定。

8.2.3 冷风机水盘排水、蒸发式冷凝器排水、贮存食品或饮料的冷藏库房的地面排水不得与污废水管道系统直接连接，应采取间接排水的方式。

8.2.9 冲（融）霜排水管道出水口应设置水封或水封井。寒冷地区的水封及水封井应采取防冻措施。

七、《管道直饮水系统技术规程》CJJ 110—2006

3.0.1 管道直饮水系统用户端的水质必须符合国家现行标准《饮用净水水质标准》CJ 94 的规定。

5.0.1 管道直饮水系统必须独立设置。

8.0.1 管道直饮水系统应进行日常供水水质检验。水质检验项目及频率应符合表 8.0.1 的规定。

表 8.0.1　水质检验项目及频率

检验频率	日检	周检	年检	备注
检验项目	色 浑浊度 臭和味 肉眼可见物 pH 值 耗氧量（未采用纳滤、反渗透技术） 余氯 臭氧（适用于臭氧消毒） 二氧化氯（适用于二氧化氯消毒）	细菌总数 总大肠菌群 粪大肠菌群 耗氧量（采用纳滤、反渗透技术）	《饮用净水水质标准》全部项目	必要时另增加检验项目

8.0.3 以下四种情况之一，应按国家现行标准《饮用净水水质标准》CJ 94 的全部项目进行检验：

1　新建、改建、扩建管道直饮水工程；

2　原水水质发生变化；

3　改变水处理工艺；

4　停产 30d 后重新恢复生产。

10.4.2　塑料管严禁明火烘弯。

11.2.1　管道直饮水系统试压合格后应对整个系统进行清洗和消毒。

八、《民用建筑修缮工程查勘与设计规程》JGJ 117—98

12.1.1　本章适用于室内给排水管道、卫生洁具、采暖管道和设备，以及通风管道的查勘修缮。

12.1.2　给排水、卫生、采暖和通风工程查勘修缮，除应符合本规程外，尚应符合现行国家标准《建筑给水排水设计规范》（GB 50015）和《建筑给水排水及采暖工程施工质量验收规范》（GB 50242）的有关规定。

12.1.3　室内给水、排水、采暖、通风管道的修缮查勘与设计，应先分别查清管道走向，出具管道系统图，注明原有管道各管段的管径、长度、配水点种类和额定设计流量等。

12.2.1　给排水、卫生洁具、采暖和通风等设备、管道的管材均应符合国家规定的安全、技术标准。

12.2.2　拆换给水管宜采用镀锌钢管或给水塑料管。当管径大于 80mm 时，可采用给水铸铁管。使用其他材质给水管的化学性能应符合国家规定的卫生要求。

12.2.4　拆换排水管可采用镀锌钢管、排水铸铁管、钢筋水泥管或塑料管等。

12.2.5　给水管、采暖管和排水管的管件应与管材相适应，不得用其他材料的管件代替。

12.3.1　给水管道有下列情况之一，应全部拆换：

1　镀锌钢管的摩擦阻力大于本规程图（12.3.1）所示值；

2　镀锌钢管被腐蚀深度大于本规程表 12.3.1 时，经局部拆

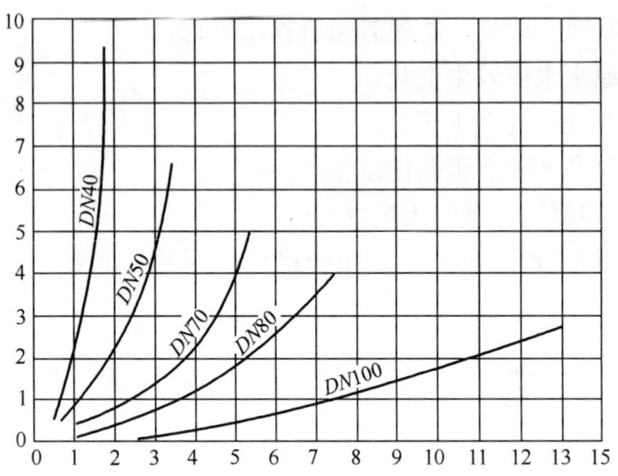

图 12.3.1　镀锌钢管摩擦阻力值

换的长度超过总长的 30%；

3　配水点流量小、压力低，有断水现象，经水力计算后引入口压力不能满足设计流量；

表 12.3.1　镀锌钢管腐蚀深度

钢管直径（mm）	腐蚀深度（mm）	钢管直径（mm）	腐蚀深度（mm）
15～20	1.00	40～70	1.30
25～32	1.20	80～150	1.50

4　正常养护不能维持一个大修周期；

5　经破坏性测试检查的管道。

12.3.2　局部拆换管道的立管、干管长度不宜小于 500mm，支管长度不宜小于 300mm。

12.3.3　拆换的给水管道除经水力计算重新确定的管径外，不宜改变原有管道的管径。

12.3.4　过门口的给水管道拆换时，应改线敷设。如不能改线时，应做防结露或保温处理。

12.3.5　埋设的给水管道拆换时，室内管道的埋深：北方地区不得小于 400mm，南方地区应视气候温度情况敷设。室外管道埋深，不应被地面上车辆损坏，且应在当地冻土层以下，并做防腐处理。

12.3.6　由城市给水管网直接供水的室内给水管道，应在接近用水高峰时测定引入管的压力。当压力值不能使最不利配水点流量达到额定流量 50%时，应根据水力计算结果改变直径，或增设加压设备。

12.3.7　因房屋使用要求增加供水量时，应校核引入管的最大供水量，以及水箱和泵房的容量。

12.4.1　排水管开裂、漏水及严重锈蚀，应予拆换。

12.4.2　镀锌钢管、焊接钢管外表面腐蚀深度大于本规程表 12.3.1 所示值时，应予拆换。

12.4.3　支管流量小于本规程表 12.4.3 所示值时，应予拆换。当一根立管有 1/2 以上支管需拆换时，宜拆换该立管上所有支管。

表 12.4.3　排水支管最小流量

卫生器具名称	最小流量 (L/s)	卫生器具名称	最小流量 (L/s)
污水盆	0.20	单格洗涤盆	0.40
双格洗涤盆	0.60	大便器（自闭式冲洗阀）	0.90
大便器（高水箱）	0.90	大便器（低水箱）	1.20
大便槽（每蹲位）	0.90	小便槽（每米长）	0.03
小便器（手动冲洗阀）	0.03	小便器（自动冲洗阀）	0.10
洗脸盆	0.15	浴盆	0.40

12.4.4　排水立管断面缩小 1/3 及其以上时，应全部拆换。

12.4.5　排水立管局部拆换的长度不宜小于 1.50m；当拆换长度超过立管长度 25%，或立管上有 1/3 以上支管需拆换时，宜将该立管全部拆换。

12.4.6　通气管损坏应予检修；凡开裂、腐蚀严重的应予拆换。

12.4.7　通气管不得接入烟道或风道内。

12.4.8 凡有排水立管无检查口，应增设检查口，并应符合设计规范规定。

12.4.9 凡拆换过立管的排出管应同时拆换；在排出管和立管的连接处，应有防止堵塞的措施。

12.4.10 增设卫生洁具时，应校核各排水管段的排水流量，其流量不得大于本规程表12.4.10的规定。

表12.4.10 无专用透气立管的排气立管临界流量值（L/s）

管径（mm）	50	75	100	150
立管的临界流量值（管径50mm）	1.00	2.50	4.50	10.00

12.4.11 铸铁排水管除建筑设计对色调有特殊要求外，均应涂刷沥青一遍。

12.5.1 卫生洁具及冲洗水箱的部件损坏，应予检修；凡锈蚀严重、漏水或开关失灵影响正常使用的部件，应予拆换。

12.5.2 根据需要增加大、小便槽蹲位长度时，应校核冲洗水箱的容量。

12.5.3 各类钢铁构建、设备均应作防腐处理，锈蚀严重的应予拆换。

九、《建筑给水排水及采暖工程施工质量验收规范》GB 50242—2002

3.3.3 地下室或地下构筑物外墙有管道穿过的，应采取防水措施。对有严格防水要求的建筑物，必须采用柔性防水套管。

3.3.16 各种承压管道系统和设备应做水压试验，非承压管道系统和设备应做灌水试验。

4.1.2 给水管道必须采用与管材相适应的管件。生活给水系统所涉及的材料必须达到饮用水卫生标准。

4.2.3 生产给水系统管道在交付使用前必须冲洗和消毒，并经有关部门取样检验，符合国家《生活饮用水标准》方可使用。

检验方法：检查有关部门提供的检测报告。

4.3.1 室内消火栓系统安装完成后应取屋顶层（或水箱间内）试

验消火栓和首层取二处消火栓做试射试验，达到设计要求为合格。

检验方法：实地试射检查。

5.2.1 隐蔽或埋地的排水管道在隐蔽前必须做灌水试验，其灌水高度应不低于底层卫生器具的上边缘或底层地面高度。

检验方法：满水 15min 水面下降后，再灌满观察 5min，液面不降，管道及接口无渗漏为合格。

8.2.1 管道安装坡度，当设计未注明时，应符合下列规定：

1 气、水同向流动的热水采暖管道和汽、水同向流动的蒸汽管道及凝结水管道，坡度应为 3‰，不得小于 2‰；

2 气、水逆向流动的热水采暖管道和汽、水逆向流动的蒸汽管道，坡度不应小于 5‰；

3 散热器支管的坡度应为 1%，坡向应利于排气和泄水。

检验方法：观察，水平尺、拉线、尺量检查。

8.3.1 散热器组对后，以及整组出厂的散热器在安装之前应作水压试验。试验压力如设计无要求时应为工作压力的 1.5 倍，但不小于 0.6MPa。

检验方法：试验时间为 2～3min，压力不降且不渗不漏。

8.5.1 地面下敷设的盘管埋地部分不应有接头。

检验方法：隐蔽前现场查看。

8.5.2 盘管隐蔽前必须进行水压试验，试验压力为工作压力的 1.5 倍，但不小于 0.6MPa。

检验方法：稳压 1h 内压力降不大于 0.05MPa 且不渗不漏。

8.6.1 采暖系统安装完毕，管道保温之前应进行水压试验。试验压力应符合设计要求。当设计未注明时，应符合下列规定：

1 蒸汽、热水采暖系统，应以系统顶点工作压力加 0.1MPa 作水压试验，同时在系统顶点的试验压力不小于 0.3MPa。

2 高温热水采暖系统，试验压力应为系统顶点工作压力加 0.4MPa。

3 使用塑料管及复合管的热水采暖系统，应以系统顶点工作压力加 0.2MPa 作水压试验，同时在系统顶点的试验压力不小于0.4MPa。

检验方法：使用钢管及复合管的采暖系统应在试验压力下10min内压力降不大于0.02MPa，降至工作压力后检查，不渗、不漏；

使用塑料管的采暖系统应在试验压力下1h内压力降不大于0.05MPa，然后降压至工作压力的1.15倍，稳压2h，压力降不大于0.03MPa，同时各连接处不渗、不漏。

8.6.3 系统冲洗完毕应充水、加热，进行试运行和调试。

检验方法：观察、测量室温应满足设计要求。

9.2.7 给水管道在竣工后，必须对管道进行冲洗，饮用水管道还要在冲洗后进行消毒，满足饮用水卫生要求。

检验方法：观察冲洗水的浊度，查看有关部门提供的检验报告。

10.2.1 排水管道的坡度必须符合设计要求，严禁无坡或倒坡。

检验方法：用水准仪、拉线和尺量检查。

11.3.3 管道冲洗完毕应通水、加热，进行试运行和调试。当不具备加热条件时，应延期进行。

检验方法：测量各建筑物热力入口处供回水温度及压力。

13.2.6 锅炉的汽、水系统安装完毕后，必须进行水压试验。水压试验的压力应符合表13.2.6的规定。

表13.2.6 水压试验压力规定

项次	设备名称	工作压力 P（MPa）	试验压力（MPa）
1	锅炉本体	$P<0.59$	$1.5P$ 但不小于0.2
		$0.59\leqslant P\leqslant 1.18$	$P+0.3$
		$P>1.18$	$1.25P$
2	可分式省煤器	P	$1.25P+0.5$
3	非承压锅炉	大气压力	0.2

注：① 工作压力 P 对蒸汽锅炉指锅筒工作压力，对热水锅炉指锅炉额定出水压力；

② 铸铁锅炉水压试验同热水锅炉；

③ 非承压锅炉水压试验压力为0.2MPa，试验期间压力应保持不变。

检验方法：

1. 在试验压力下 10min 内压力降不超过 0.02MPa；然后降至工作压力进行检查，压力不降，不渗、不漏；

2. 观察检查，不得有残余变形，受压元件金属壁和焊缝上不得有水珠和水雾。

13.4.1 锅炉和省煤器安全阀的定压和调整应符合表 13.4.1 的规定。锅炉上装有两个安全阀时，其中的一个按表中较高值定压，另一个按较低值定压。装有一个安全阀时，应按较低值定压。

表 13.4.1　安全阀定压规定

项次	工作设备	安全阀开启压力（MPa）
1	蒸汽锅炉	工作压力+0.02MPa
		工作压力+0.04MPa
2	热水锅炉	1.12 倍工作压力，但不少于工作压力+0.07MPa
		1.14 倍工作压力，但不少于工作压力+0.10MPa
3	省煤器	1.1 倍工作压力

13.4.4 锅炉的高低水位报警器和超温、超压报警器及联锁保护装置必须按设计要求安装齐全和有效。

检验方法：启动、联动试验并作好试验记录。

13.5.3 锅炉在烘炉、煮炉合格后，应进行 48h 的带负荷连续试运行，同时应进行安全阀的热状态定压检验和调整。

检验方法：检查烘炉、煮炉及试运行全过程。

13.6.1 热交换器应以最大工作压力的 1.5 倍作水压试验，蒸汽部分应不低于蒸汽供汽压力加 0.3MPa；热水部分应不低于 0.4MPa。

检验方法：在试验压力下，保持 10min 压力不降。

十、《建筑中水设计规范》GB 50336—2002

1.0.5 缺水城市和缺水地区适合建设中水设施的工程项目，应按照当地有关规定配套建设中水设施。中水设施必须与主体工程同时设计，同时施工，同时使用。

1.0.10　中水工程设计必须采取确保使用、维修的安全措施，严禁中水进入生活饮用水给水系统。

3.1.6　综合医院污水作为中水水源时，必须经过消毒处理，产出的中水仅可用于独立的不与人直接接触的系统。

3.1.7　传染病医院、结核病医院污水和放射性废水，不得作为中水水源。

5.4.1　中水供水系统必须独立设置。

5.4.7　中水管道上不得装设取水龙头。当装有取水接口时，必须采取严格的防止误饮、误用的措施。

6.2.18　中水处理必须设有消毒设施。

8.1.1　中水管道严禁与生活饮用水给水管道连接。

8.1.3　中水池（箱）内的自来水补水管应采取自来水防污染措施，补水管出水口应高于中水贮存池（箱）内溢流水位，其间距不得小于2.5倍管径。严禁采用淹没式浮球阀补水。

8.1.6　中水管道应采取下列防止误接、误用、误饮的措施：

1　中水管道外壁应按有关标准的规定涂色和标志；

2　水池（箱）、阀门、水表及给水栓、取水口均应有明显的“中水”标志；

3　公共场所及绿化的中水取水口应设带锁装置；

4　工程验收时应逐段进行检查，防止误接。

十一、《建筑与小区雨水利用工程技术规范》GB 50400—2006

1.0.6　严禁回用雨水进入生活饮用水给水系统。

7.3.1　雨水供水管道应与生活饮用水管道分开设置。

7.3.3　当采用生活饮用水补水时，应采取防止生活饮用水被污染的措施，并符合下列规定：

1　清水池（箱）内的自来水补水管出水口应高于清水池（箱）内溢流水位，其间距不得小于2.5倍补水管管径，严禁采用淹没式浮球阀补水；

2 向蓄水池（箱）补水时，补水管口应设在池外。

7.3.9 供水管道上不得装设取水龙头，并应采取下列防止误接、误用、误饮的措施：

1 供水管外壁应按设计规定涂色或标识；

2 当设有取水口时，应设锁具或专门开启工具；

3 水池（箱）、阀门、水表、给水栓、取水口均应有明显的“雨水”标识。

十二、《民用建筑节水设计标准》GB 50555—2010

4.1.5 景观用水水源不得采用市政自来水和地下井水。

4.2.1 设有市政或小区给水、中水供水管网的建筑，生活给水系统应充分利用城镇供水管网的水压直接供水。

5.1.2 民用建筑采用非传统水源时，处理出水必须保障用水终端的日常供水水质安全可靠，严禁对人体健康和室内卫生环境产生负面影响。

十三、《室外给水排水和燃气热力工程抗震设计规范》GB 50032—2003

1.0.3 抗震设防烈度为6度及高于6度地区的室外给水、排水和燃气、热力工程设施，必须进行抗震设计。

3.4.4 构筑物和管道的结构体系，应符合下列要求：

1 应具有明确的计算简图和合理的地震作用传递路线；

2 应避免部分结构或构件破坏而导致整个体系丧失承载能力；

3 同一结构单元应具有良好的整体性；对局部削弱或突变形成的薄弱部位，应采取加强措施。

3.4.5 结构构件及其连接，应符合下列要求：

1 混凝土结构构件应合理选择截面尺寸及配筋，避免剪切先于弯曲破坏、混凝土压溃先于钢筋屈服，钢筋锚固先于构件破坏；

2　钢结构构件应合理选择截面尺寸，防止局部或整体失稳；

3　构件节点的承载力，不应低于其连接构件的承载力；

4　装配式结构的连接，应能保证结构的整体性；

5　管道与构筑物、设备的连接处(含一定距离内)，应配置柔性构造措施；

6　预应力混凝土构件的预应力钢筋，应在节点核心区以外锚固。

3.6.2　钢筋混凝土盛水构筑物和地下管道管体的混凝土等级，不应低于C25。

3.6.3　砌体结构的砖砌体强度等级不应低于MU10，块石砌体的强度等级不应低于MU20；砌筑砂浆应采用水泥砂浆，其强度等级不应低于M7.5。

4.1.1　建(构)筑物、管道场地的类别划分，应以土层的等效剪切波速和场地覆盖层厚度的综合影响作为判别依据。

4.1.4　工程场地覆盖层厚度的确定，应符合下列要求：

1　一般情况下，应按地面至剪切波速大于500m/s土层顶面的距离确定；

2　当地面5m以下存在剪切波速大于相邻上层土剪切波速的2.5倍的土层，且其下卧土层的剪切波速均不小于400m/s时，可取地面至该土层顶面的距离确定；

3　剪切波速大于500m/s的孤石、透镜体，应视同周围土层；

4　土层中的火山岩硬夹层，应视为刚体，其厚度应从覆盖土层中扣除。

4.2.2　对天然地基进行抗震验算时，应采用地震作用效应标准组合；相应地基抗震承载力应取地基承载力特征值乘以地基抗震承载力调整系数确定。

4.2.5　设防烈度为8度或9度，当建(构)筑物的地基土持力层为软弱黏性土(f_{ak}小于100kPa、120kPa)时，对下列建(构)筑物应进行抗震滑动验算：

1　矩形敞口地面式水池，底板为分离式的独立基础挡水墙。

2　地面式泵房等厂站构筑物，未设基础梁的柱间支撑部位的柱基等。

验算时，抗滑阻力可取基础底面上的摩擦力与基础正侧面上的水平土抗力之和。水平土抗力的计算取值不应大于被动土压力的1/3。抗滑安全系数不应小于1.10。

5.1.1　各类厂站构筑物的地震作用，应按下列规定确定：

1　一般情况下，应对构筑物结构的两个主轴方向分别计算水平向地震作用，并进行结构抗震验算；各方向的水平地震作用，应由该方向的抗侧力构件全部承担。

2　设有斜交抗侧力构件的结构，应分别考虑各抗侧力构件方向的水平地震作用。

3　设防烈度为9度时，水塔、污泥消化池等盛水构筑物、球形贮气罐、水槽式螺旋轨贮气罐、卧式圆筒形贮气罐应计算竖向地震作用。

5.1.4　计算地震作用时，构筑物(含架空管道)的重力荷载代表值应取结构构件、防水层、防腐层、保温层(含上覆土层)、固定设备自重标准值和其他永久荷载标准值(侧土压力、内水压力)、可变荷载标准值(地表水或地下水压力等)之和。可变荷载标准值中的雪荷载、顶部和操作平台上的等效均布荷载，应取50%计算。

5.1.10　当按水平地震加速度计算构筑物或管道结构的地震作用时，其设计基本地震加速度值应按表3.3.2采用。

5.1.11　构筑物和管道结构的抗震验算，应符合下列规定：

1　设防烈度为6度或本规范有关各章规定不验算的结构，可不进行截面抗震验算，但应符合相应设防烈度的抗震措施要求。

2　埋地管道承插式连接或预制拼装结构(如盾构、顶管等)，应进行抗震变位验算。

3 除1、2款外的构筑物、管道结构均应进行截面抗震强度或应变量验算；对污泥消化池、挡墙式结构等，尚应进行抗震稳定验算。

5.4.1 结构构件的地震作用效应和其他作用效应的基本组合，应按下式计算：

$$S=\gamma_G\sum_{i=1}^{n}C_{Gi}G_{Ei}+\gamma_{EH}C_{EH}F_{EH,k}+\gamma_{EV}C_{EV}F_{EV,k}+\psi_t\gamma_tC_t\Delta_{tk}+\psi_w\gamma_wC_ww_k \quad (5.4.1)$$

式中 S——结构构件内力组合设计值，包括组合的弯矩、轴力和剪力设计值；

γ_G——重力荷载分项系数，一般情况应采用1.2，当重力荷载效应对构件承载力有利时，可取1.0；

γ_{EH}、γ_{EV}——分别为水平、竖向地震作用分项系数，应按表5.4.1的规定采用；

γ_t——温度作用分项系数，应取1.4；

γ_w——风荷载分项系数，应取1.4；

G_{Ei}——i项重力荷载代表值，可按5.1.4条的规定采用；

$F_{EH,k}$、$F_{EV,k}$——分别为水平、竖向地震作用标准值；

Δ_{tk}——温度作用标准值；

w_k——风荷载标准值；

ψ_t——温度作用组合系数，可取0.65；

ψ_w——风荷载组合系数，一般构筑物可不考虑（即取零），对消化池、贮气罐、水塔等较高的筒型构筑物可采用0.2；

C_{Gi}、C_{EH}、C_{EV}、C_t、C_w——分别为重力荷载、水平地震作用、竖向地震作用、温度作用和风荷载的作用效应系数，可按弹性理论结构力学方法确定。

表 5.4.1　地震作用分项系数

地震作用	γ_{EH}	γ_{EV}
仅考虑水平地震作用	1.3	—
仅考虑竖向地震作用	—	1.3
同时考虑水平与竖向地震作用	1.3	0.5

5.4.2

结构构件的截面抗震强度验算，应按下式确定：

$$S \leqslant \frac{R}{\gamma_{RE}} \tag{5.4.2}$$

式中　R——结构构件承载力设计值，应按各相关的结构设计规范确定；

γ_{RE}——承载力抗震调整系数，应按表 5.4.2 的规定采用。

表 5.4.2　承载力抗震调整系数

材料	结构构件	受力状态	γ_{RE}
钢	柱	偏压	0.70
	柱间支撑	轴拉、轴压	0.90
	节点板、连接螺栓		0.90
	构件焊缝		1.00
砌体	两端设构造柱、芯柱的抗震墙	受剪	0.90
	其他抗震墙	受剪	1.00
钢筋混凝土	梁	受弯	0.75
	轴压比小于 0.15 的柱	偏压	0.75
	轴压比不小于 0.15 的柱	偏压	0.80
	抗震墙	偏压	0.85
	各类构件	剪、拉	0.85

5.5.2

承插式接头的埋地圆形管道，在地震作用下应满足下式要求：

$$\gamma_{EHP}\Delta_{pl,k} \leqslant \lambda_c \sum_{i=1}^{n} [u_a]_i \tag{5.5.2}$$

式中　$\Delta_{pl,k}$——剪切波行进中引起半个视波长范围内管道沿管轴向的位移量标准值；

γ_{EHP}——计算埋地管道的水平向地震作用分项系数，可取 1.20；

$[u_a]_i$——管道 i 种接头方式的单个接头设计允许位移量；

λ_c——半个视波长范围内管道接头协同工作系数，可取 0.64 计算；

n——半个视波长范围内，管道的接头总数。

5.5.3

整体连接的埋地管道，在地震作用下的作用效应基本组合，应按下式确定：

$$S=\gamma_G S_G+\gamma_{EHP} S_{Ek}+\psi_t \gamma_t C_t \Delta_{tk} \qquad (5.5.3)$$

式中　S_G——重力荷载（非地震作用）的作用标准值效应；

S_{Ek}——地震作用标准值效应。

5.5.4

整体连接的埋地管道，其结构截面抗震验算应符合下式要求：

$$S \leqslant \frac{|\varepsilon_{ak}|}{\gamma_{PRE}} \qquad (5.5.4)$$

式中　$|\varepsilon_{ak}|$——不同材质管道的允许应变量标准值；

γ_{PRE}——埋地管道抗震调整系数，可取 0.90 计算。

6.1.2　当设防烈度为 8 度、9 度时，盛水构筑物不应采用砌体结构。

6.1.5　位于设防烈度为 9 度地区的盛水构筑物，应计算竖向地震作用效应，并应与水平地震作用效应按平方和开方组合。

7.2.8　位于Ⅲ、Ⅳ类场地的球罐，与之连接的液相、气相管应设置弯管补偿器或其他柔性连接措施。

9.1.5　水塔的抗震验算应符合下列规定：

1　应考虑水塔上满载和空载两种工况；

2　支承结构为构架时，应分别按正向和对角线方向进行验算；

3　9 度地区的水塔应考虑竖向地震作用。

10.1.2　埋地管道应计算在水平地震作用下，剪切波所引起管道的变位或应变。

十四、《给水排水工程构筑物结构设计规范》GB 50069—2002

3.0.1　贮水或水处理构筑物、地下构筑物的混凝土强度等级不应低于C25。

3.0.2　混凝土、钢筋的设计指标应按《混凝土结构设计规范》GB 50010的规定采用；砖石砌体的设计指标应按《砌体结构设计规范》GB 50003的规定采用；钢材、钢铸件的设计指标应按《钢结构设计规范》GB 50017的规定采用。

3.0.5　贮水或水处理构筑物、地下构筑物的混凝土，其含碱量最大限值应符合《混凝土碱含量限值标准》CECS 53的规定。

3.0.6　最冷月平均气温低于－3℃的地区，外露的钢筋混凝土构筑物的混凝土应具有良好的抗冻性能，并应按表的要求采用。混凝土的抗冻等级应进行试验确定。

表3.0.6　混凝土抗冻等级Fi的规定

<table>
<tr><td rowspan="3">结构类别
工作条件
气候条件</td><td colspan="2">地表水取水头部</td><td>其他</td></tr>
<tr><td colspan="2">冻融循环总次数</td><td rowspan="2">地表水取水头部的水位涨落区以上部位及外露的水池等</td></tr>
<tr><td>≥100</td><td><100</td></tr>
<tr><td>最冷月平均气温低于－10℃</td><td>F300</td><td>F250</td><td>F200</td></tr>
<tr><td>最冷月平均气温在－3～－10℃</td><td>F250</td><td>F200</td><td>F150</td></tr>
<tr><td colspan="4">注：1　混凝土抗冻等级Fi系指龄期为28d的混凝土试件，在进行相应要求冻融循环总次数i次作用后，其强度降低不大于25％，重量损失不超过5％；
2　气温应根据连续5年以上的实测资料，统计其平均值确定；
3　冻融循环总次数系指一年内气温从＋3℃以上降至－3℃以下，然后回升至＋3℃以上的交替次数；对于地表水取水头部，尚应考虑一年中月平均气温低于－3℃期间，因水位涨落而产生的冻融交替次数，此时水位每涨落一次应按一次冻融计算。</td></tr>
</table>

3.0.7　贮水或水处理构筑物、地下构筑物的混凝土，不得采用氯盐作为防冻、早强的掺合料。

3.0.9　当考虑冻融作用时，不得采用火山灰质硅酸盐水泥和粉煤灰硅酸盐水泥；受侵蚀介质影响的混凝土，应根据侵蚀性质选用。

4.3.3　地表水或地下水对构筑物的作用标准值应按下列规定采用：

1　构筑物侧壁上的水压力，应按静水压力计算。

2　水压力标准值的相应设计水位，应根据勘察部门和水文部门提供的数据采用：对地下水位应综合考虑近期内变化及构筑物设计基准期内可能的发展趋势确定。

3　水压力标准值的相应设计水位，应根据对结构的作用效应确定取最低水位或最高水位。

4　地表水或地下水对结构作用的浮托力，其标准值应按最高水位确定，并应按下式计算

$$q_{\mathrm{fw,k}}=\gamma_{\mathrm{w}}h_{\mathrm{w}}\eta_{\mathrm{fw}} \tag{4.3.3}$$

5.2.1　对结构构件作强度计算时，应采用下列极限状态计算表达式：

$$\gamma_0 s\leqslant R \tag{5.2.1}$$

5.2.3　构筑物在基本组合作用下的设计稳定性抗力系数 K_s 不应小于表 5.2.3 的规定。验算时，抵抗力应只计入永久作用，可变作用和侧壁上的摩擦力不应计入；抵抗力和滑动、倾覆力应均采用标准值。

表 5.2.3　构筑物的设计稳定性抗力系数 K_s

失　稳　特　征	设计稳定性抗力系数 K_s
沿基底或沿齿墙底面连同齿墙间土体滑动	1.30
沿地基内深层滑动（圆弧面滑动）	1.20
倾覆	1.50
上浮	1.05

5.3.1　对正常使用极限状态，结构构件应分别按作用短期效应的标准组合或长期效应的准永久组合进行验算，并应保证满足变形、抗裂度、裂缝开展宽度、应力等计算值不超过相应的规定限值。

5.3.2　对混凝土贮水或水质净化处理等构筑物，当在组合作用下，构件截面处于轴心受拉或小偏心受拉（全面处于受拉）状态时，应按不出现裂缝控制；并应取作用短期效应的标准组合进行验算。

5.3.3　对钢筋混凝土贮水或水质净化处理等构筑物，当在组合作用下，构件截面处于受弯或大偏心受压、受拉状态时，应按限制裂缝宽度控制；并应取作用长期效应的准永久组合进行验算。

5.3.4　钢筋混凝土构筑物构件的最大裂缝宽度限值，应符合表5.3.4的规定。

表5.3.4　钢筋混凝土构筑物构件的最大裂缝宽度限值 w_{max}

类别	部位及环境条件	w_{max}（mm）
水处理构筑物、水池、水塔	清水池、给水水质净化处理构筑物	0.25
	污水处理构筑物、水塔的水柜	0.20
泵房	贮水间、格栅间	0.20
	其他地面以下部分	0.25
取水头部	常水位以下部分	0.25
	常水位以上湿度变化部分	0.20
注：沉井结构的施工阶段最大裂缝宽度限值可取0.25mm。		

6.1.3　构筑物各部位构件内，受力钢筋的混凝土保护层最小厚度（从钢筋的外缘处起），应符合表6.1.3的规定。

表 6.1.3 钢筋的混凝土保护层最小厚度（mm）

构件类别	工作条件	保护层最小厚度
墙、板、壳	与水、土接触或高湿度	30
	与污水接触或受水气影响	35
梁、柱	与水、土接触或高湿度	35
	与污水接触或受水气影响	40
基础、底板	有垫层的下层筋	40
	无垫层的下层筋	70

注：1 墙、板、壳内的分布筋的混凝土净保护层最小厚度不应小于 20mm；梁、柱内箍筋的混凝土净保护层最小厚度不应小于 25mm；
2 表列保护层厚度系按混凝土等级不低于 C25 给出，当采用混凝土等级低于 C25 时，保护层厚度尚应增加 5mm；
3 不与水、土接触或不受水气影响的构件，其钢筋的混凝土保护层的最小厚度，应按现行的《混凝土结构设计规范》GB 50010 的有关规定采用；
4 当构筑物位于沿海环境，受盐雾侵蚀显著时，构件的最外层钢筋的混凝土最小保护层厚度不应少于 45mm；
5 当构筑物的构件外表设有水泥砂浆抹面或其他涂料等质量确有保证的保护措施时，表列要求的钢筋的混凝土保护层厚度可酌量减小，但不得低于处于正常环境的要求。

6.3.1 钢筋混凝土构筑物的各部位构件的受力钢筋，应符合下列规定：

1 受力钢筋的最小配筋百分率，应符合现行《混凝土结构设计规范》GB 50010 的有关规定；

6.3.4 钢筋的接头应符合下列要求：

1 对具有抗裂性要求的构件（处于轴心受拉或小偏心受拉状态），其受力钢筋不应采用非焊接的搭接接头；

2 受力钢筋的接头应优先采用焊接接头，非焊接的搭接接头应设置在构件受力较小处；

3 受力钢筋的接头位置，应按现行《混凝土结构设计规范》

GB 50010 的规定相互错开；如必要时，同一截面处的绑扎钢筋的搭接接头面积百分率可加大到 50%，相应的搭接长度应增加 30%。

十五、《给水排水构筑物工程施工及验收规范》GB 50141—2008

1.0.3　给排水构筑物工程所用的原材料、半成品、成品等产品的品种、规格、性能必须符合国家有关标准的规定和设计要求；接触饮用水的产品必须符合有关卫生要求。严禁使用国家明令淘汰、禁用的产品。

3.1.10　工程所用主要原材料、半成品、构（配）件、设备等产品，进入施工现场时必须进行进场验收。

进场验收时应检查每批产品的订购合同、质量合格证书、性能检验报告、使用说明书、进口产品的商检报告及证件等，并按国家有关标准规定进行复验，验收合格后方可使用。

混凝土、砂浆、防水涂料等现场配制的材料应经检测合格后使用。

3.1.16　工程施工质量控制应符合下列规定：

1　各分项工程应按照施工技术标准进行质量控制，分项工程完成后，应进行检验；

2　相关各分项工程之间，应进行交接检验；所有隐蔽分项工程应进行隐蔽验收；未经检验或验收不合格不得进行下道分项工程施工；

3　设备安装前应对有关的设备基础、预埋件、预留孔的位置、高程、尺寸等进行复核。

3.2.8　通过返修或加固处理仍不能满足结构安全和使用功能要求的分部（子分部）工程、单位（子单位）工程，严禁验收。

6.1.4　水处理构筑物施工完毕必须进行满水试验。消化池满水试验合格后，还应进行气密行试验。

7.3.12　4　用抓斗取土时，沉井内严禁站人；对于有底梁或支撑梁的沉井，严禁人员在底梁下穿越。

8.1.6　施工完毕的贮水调蓄构筑物必须进行满水试验。

十六、《给水排水工程管道结构设计规范》GB 50332—2002

1.0.3　给排水管道工程所用的原材料、半成品、成品等产品的品种、规格、性能必须符合国家有关标准的规定和设计要求；接触饮用水的产品必须符合有关卫生要求。严禁使用国家明令淘汰、禁用的产品。

3.1.9　工程所用的管材、管道附件、构（配）件和主要原材料等产品进入施工现场时必须进行进场验收并妥善保管。进场验收时应检查每批产品的订购合同、质量合格证书、性能检验报告、使用说明书、进口产品的商检报告及证件等，并按国家有关标准规定进行复验，验收合格后方可使用。

3.1.15　给排水管道工程施工质量控制应符合下列规定：

1　各分项工程应按照施工技术标准进行质量控制，每分项工程完成后，必须进行检验；

2　相关各分项工程之间，必须进行交接检验，所有隐蔽分项工程必须进行隐蔽验收，未经检验或验收不合格不得进行下道分项工程。

3.2.8　通过返修或加固处理仍不能满足结构安全或使用功能要求的分部（子分部）工程、单位（子单位）工程，严禁验收。

9.1.10　给水管道必须水压试验合格，并网运行前进行冲洗与消毒，经检验水质达到标准后，方可允许并网通水投入运行。

9.1.11　污水、雨污水合流管道及湿陷土、膨胀土、流砂地区的雨水管道，必须经严密性试验合格后方可投入运行。

十七、《给水排水管道工程施工及验收规范》GB 50268—2008

1.0.3　给排水管道工程所用的原材料、半成品、成品等产品的品种、规格、性能必须符合国家有关标准的规定和设计要求；接触饮用水的产品必须符合有关卫生要求。严禁使用国家明令淘汰、禁用的产品。

3.1.9　工程所用的管材、管道附件、构（配）件和主要原材料等产品进入施工现场时必须进行进场验收并妥善保管。进场验收时应检查每批产品的订购合同、质量合格证书、性能检验报告、使用说明书、进口产品的商检报告及证件等，并按国家有关标准规定进行复验，验收合格后方可使用。

3.1.15　给排水管道工程施工质量控制应符合下列规定：

1　各分项工程应按照施工技术标准进行质量控制，每分项工程完成后，必须进行检验；

2　相关各分项工程之间，必须进行交接检验，所有隐蔽分项工程必须进行隐蔽验收，未经检验或验收不合格不得进行下道分项工程。

3.2.8　通过返修或加固处理仍不能满足结构安全或使用功能要求的分部（子分部）工程、单位（子单位）工程，严禁验收。

9.1.10　给水管道必须水压试验合格，并网运行前进行冲洗与消毒，经检验水质达到标准后，方可允许并网通水投入运行。

9.1.11　污水、雨污水合流管道及湿陷土、膨胀土、流砂地区的雨水管道，必须经严密性试验合格后方可投入运行。

第二章 给水工程

一、《室外给水设计规范》GB 50013—2006

3.0.8 生活用水的给水系统，其供水水质必须符合现行的生活饮用水卫生标准的要求；专用的工业用水给水系统，其水质标准应根据用户的要求确定。

4.0.5 消防用水量、水压及延续时间等应按国家现行标准《建筑设计防火规范》GB 50016 及《高层民用建筑设计防火规范》GB 50045 等设计防火规范执行。

5.1.1 水源选择前，必须进行水资源的勘察。

5.1.3 用地下水作为供水水源时，应有确切的水文地质资料，取水量必须小于允许开采量，严禁盲目开采。地下水开采后，不引起水位持续下降、水质恶化及地面沉降。

5.3.6 江河取水构筑物的防洪标准不应低于城市防洪标准，其设计洪水重现期不得低于 100 年。水库取水构筑物的防洪标准应与水库大坝等主要建筑物的防洪标准相同，并应采用设计和校核两级标准。

设计枯水位的保证率，应采用 90％～99％。

7.1.9 城镇生活饮用水管网，严禁与非生活饮用水管网连接。城镇生活饮用水管网，严禁与自备水源供水系统直接连接。

7.5.5 水塔应根据防雷要求设置防雷装置。

8.0.6 水厂的防洪标准不应低于城市防洪标准，并应留有适当的安全裕度。

8.0.10 水厂的主要生产构（建）筑物之间应通行方便，并设置必要的栏杆、防滑梯等安全措施。

9.3.1 用于生活饮用水处理的混凝剂或助凝剂产品必须符合卫

生要求。

9.8.1　生活饮用水必须消毒。

9.8.15　氯（氨）库和加氯（氨）间的集中采暖应采用散热器等无明火方式。其散热器应离开氯（氨）瓶和投加设备。

9.8.16　大型净水厂为提高氯瓶的出氯量，应增加在线氯瓶数量或设置液氯蒸发器。液氯蒸发器的性能参数、组成、布置和相应的安全措施应遵守相关规定和要求。

9.8.17　加氯(氨)间及氯(氨)库的设计应采用下列安全措施：

1　氯库不应设置阳光直射氯瓶的窗户。氯库应设置单独外开的门，并不应设置与加氯间相通的门。氯库大门上应设置人行安全门，其安全门应向外开启，并能自动关闭。

2　加氯（氨）间必须与其他工作间隔开，并应设置直接通向外部并向外开启的门和固定观察窗。

3　加氯（氨）间和氯（氨）库应设置泄漏检测仪和报警设施，检测仪应设低、高检测极限。

4　氯库应设置漏氯的处理设施，贮氯量大于1t时，应设置漏氯吸收装置（处理能力按1h处理一个所用氯瓶漏氯量计），其吸收塔的尾气排放应符合现行国家标准《大气污染物综合排放标准》GB 16297。漏氯吸收装置应设在临近氯库的单独的房间内。

5　氨库的安全措施与氯库相同。装卸氨瓶区域内的电气设备应设置防爆型电气装置。

9.8.18　加氯（氨）间及其仓库应设有每小时换气8～12次的通风系统。氯库的通风系统应设置高位新鲜空气进口和低位室内空气排至室外高处的排放口。氨库的通风系统应设置低位进口和高位排出口。氯（氨）库应设有根据氯（氨）气泄漏量开启通风系统或全套漏氯（氨）气吸收装置的自动控制系统。

9.8.19　加氯（氨）间外部应备有防毒面具、抢救设施和工具箱。防毒面具应严密封藏，以免失效。照明和通风设备应设置室外开关。

9.8.25　制备二氧化氯的原材料氯酸钠、亚氯酸钠和盐酸、氯气等严禁相互接触，必须分别贮存在分类的库房内，贮放槽需设置隔离墙。盐酸库房内应设置酸泄漏的收集槽。氯酸钠及亚氯酸钠库房室内应备有快速冲洗设施。

9.8.26 二氧化氯制备、贮备、投加设备及管道、管配件必须有良好的密封性和耐腐蚀性；其操作台、操作梯及地面均应有耐腐蚀的表层处理。其设备间内应有每小时换气 8～12 次的通风设施，并应配备二氧化氯泄漏的检测仪和报警设施及稀释泄漏溶液的快速水冲洗设施。设备间应与贮存库房毗邻。

9.8.27 二氧化氯消毒系统防毒面具、抢救材料和工具箱的设置及设备间的布置同本规范第 9.8.17 条第 2 款和第 9.8.19 条的规定。工作间内应设置快速洗浴龙头。

9.9.4 臭氧净水系统中必须设置臭氧尾气消除装置。

9.9.19 在设有臭氧发生器的建筑内，其用电设备必须采用防爆型。

9.11.2 用于水质稳定处理的药剂，不得产生处理后的水质对人体健康、环境或工业生产有害。

二、《含藻水给水处理设计规范》CJJ 32—2011

4.4.5 气浮池的藻渣必须全部收集，严禁直接排入水体，并应按照无害化的要求进行处理与处置。

4.7.5 膜单元化学清洗的废液严禁直接排入水体，必须按照无害化的要求进行处理与处置。

三、《高浊度水给水设计规范》CJJ 40—2011

3.1.7 生活饮用水给水系统的供水水质，必须符合国家现行标准《生活饮用水卫生标准》GB 5749 和《城市供水水质标准》CJ/T 206 的规定。

4.1.8 取水构筑物基础应设在局部冲刷和揭河底深度以下，并应满足地基承载力和稳定性要求。

6.1.4 当采用新型药剂或复合药剂作为生活饮用水处理的混凝

剂或絮凝剂时，应进行毒理鉴定，符合国家现行相关标准要求后方可使用。

6.3.5 当投加聚丙烯酰胺进行生活饮用水处理时，出厂水中丙烯酰胺单体的残留浓度必须符合现行国家标准《生活饮用水卫生标准》GB 5749 的规定。

7.3.8 调蓄水池必须设置排空设施。水池大堤必须留有抢险、检修的交通通道。

四、《埋地聚乙烯给水管道工程技术规程》CJJ 101—2004

3.1.3 埋地聚乙烯给水管道系统应选用最小要求强度（*MRS*）不小于 8.0MPa 的聚乙烯混配料生产的管材和管件。

3.3.6 采用聚乙烯（PE80、PE100）管件焊制二次加工成型的管件，所选管材的公称压力等级，不应小于管道系统所选管材压力等级的 1.25 倍。

4.1.7 聚乙烯给水管道严禁在雨污水检查井及排水管渠内穿过。

4.2.4 管道与热力管道间的距离，应在保证聚乙烯管道表面温度不超过 40℃的条件下计算确定。最小不得小于 1.5m。

6.1.7 管道从河底穿越时，应符合下列规定：

1 管道至规划河底的覆土厚度，应根据水流冲刷条件、航运状况、疏浚的安全余量，并与航运管理部门协商确定。

2 必须在埋设聚乙烯给水管道位置的河流上、下游两岸分别按规定设立标志。

7.3.1 管道分段试压合格后应对整条管道进行冲洗消毒。

五、《镇（乡）村给水工程技术规程》CJJ 123—2008

5.1.6 对生活饮用水的水源，必须建立水源保护区。保护区内严禁建设任何可能危害水源水质的设施和一切有碍水源水质的行为。水源保护应符合下列要求：

1 地下水水源保护

1）地下水水源保护区和井的影响半径范围应根据水源地

所处的地理位置、水文地质条件、开采方式、开采水量和污染源分布等情况确定，单井保护半径应大于井的影响半径且不小于 50m；

2）在井的影响半径范围内，不应使用工业废水或生活污水灌溉和施用持久性或剧毒的农药，不应修建渗水厕所和污废水渗水坑、堆放废渣和垃圾或铺设污水渠道，不得从事破坏深层土层的活动；

3）雨季时应及时疏导地表积水，防止积水入渗和漫溢到井内；

4）渗渠、大口井等受地表水影响的地下水源，其防护措施应遵照本条第 2 款执行。

2　地表水水源保护

1）取水点周围半径 100m 的水域内，严禁可能污染水源的任何活动；并应设置明显的范围标志和严禁事项的告示牌；

2）取水点上游 1000m 至下游 100m 的水域，不应排入工业废水和生活污水；其沿岸防护范围内，不应堆放废渣、垃圾及设立有毒、有害物品的仓库或堆栈；不得从事有可能污染该段水域水质的活动；

3）以水库、湖泊和池塘为供水水源或作预沉池（调蓄池）的天然池塘、输水明渠，应遵照本条第 2 款第 1 项执行。

7.1.7　非生活饮用水管网或自备生活饮用水供水系统，不得与镇（乡）村生活饮用水管网直接连接。

9.3.1　用于生活饮用水处理的混凝剂或助凝剂产品必须符合现行国家标准《饮用水化学处理剂卫生安全性评价》GB/T 17218 的有关规定。

9.10.1　生活饮用水必须消毒。

9.10.7　采用液氯加氯时，加氯间必须与其他工作间隔离，必须设固定观察窗和直接通向外部并向外开启的门。

系统。

6.1.8　厂区消防的设计和消化池、贮气罐、污泥气压缩机房、污泥气发电机房、污泥气燃烧装置、污泥气管道、污泥干化装置、污泥焚烧装置及其他危险品仓库等的位置和设计，应符合国家现行有关防火规范的要求。

6.1.18　厂区的给水系统、再生水系统严禁与处理装置直接连接。

6.1.19　污水厂的供电系统，应按二级负荷设计，重要的污水厂宜按一级负荷设计。当不能满足上述要求时，应设置备用动力设施。

6.1.23　处理构筑物应设置适用的栏杆、防滑梯等安全措施，高架处理构筑物还应设置避雷设施。

6.3.9　格栅间应设置通风设施和有毒有害气体的检测与报警装置。

6.8.22　鼓风机房内、外的噪声应分别符合国家现行的《工业企业噪声卫生标准》和《城市区域环境噪声标准》GB 3096 的有关规定。

6.11.4　采用土地处理，应采取有效措施，严禁污染地下水。

6.11.8　（稳定塘的设计，应符合下列要求：）

4　稳定塘必须有防渗措施，塘址与居民区之间应设置卫生防护带。

6.11.13　在集中式给水水源卫生防护带，含水层露头地区，裂隙性岩层和溶岩地区，不得使用污水土地处理。

6.12.3　再生水输配到用户的管道严禁与其他管网连接，输送过程中不得降低和影响其他用水的水质。

7.1.3　污泥作肥料时，其有害物质含量应符合国家现行标准的规定。

7.3.8　厌氧消化池和污泥气贮罐应密封，并能承受污泥气的工作压力，其气密性试验压力不应小于污泥气工作压力的 1.5 倍。厌氧消化池和污泥气贮罐应有防止池（罐）内产生超压和负压的措施。

7.3.9 厌氧消化池溢流和表面排渣管出口不得放在室内，并必须有水封装置。厌氧消化池的出气管上，必须设回火防止器。

7.3.11 污泥气贮罐、污泥气压缩机房、污泥气阀门控制间、污泥气管道层等可能泄漏污泥气的场所，电机、仪表和照明等电器设备均应符合防爆要求，室内应设置通风设施和污泥气泄漏报警装置。

7.3.13 污泥气贮罐超压时不得直接向大气排放，应采用污泥气燃烧器燃烧消耗，燃烧器应采用内燃式。污泥气贮罐的出气管上，必须设回火防止器。

二、《建筑排水金属管道工程技术规程》CJJ 127—2009

4.2.5 当建筑排水金属管道穿过地下室或底下构筑物外墙时，应采取有效的防水措施。对有严格防水要求的建筑物，必须采用柔性防水套管。

6.1.1 埋地及所有隐蔽的生活排水金属管道，在隐蔽前，根据工程进度必须做灌水试验或分层灌水试验，并应符合下列规定：

1 灌水高度不应低于该层卫生器具的上边缘或底层地面高度；

2 试验时应连续向试验管段灌水，直至达到稳定水面（即水面不再下降）；

3 达到稳定水面后，应继续观察15m，水面应不再下降，同时管道及接口应无渗漏，则为合格，同时应做好灌水试验记录。

三、《埋地塑料排水管道工程技术规程》CJJ 143—2010

4.1.8 塑料排水管道不得采用刚性管基基础，严禁采用刚性桩直接支撑管道。

4.5.2 塑料排水管道在外压荷载作用下，其最大环截面（拉）压应力设计值不应大于抗（拉）压强度设计值。管道环截面强度计算应采用下列极限状态表达式：

$$\gamma_0\sigma \leqslant f \tag{4.5.2}$$

式中：σ——管道最大环向（拉）压应力设计值（MPa），可根据不同管材种类分别按本规程公式（4.5.3-1）、公式（4.5.3-3）计算；

γ_0——管道重要性系数，污水管（含合流管）可取 1.0；雨水管道可取 0.9；

f——管道环向弯曲抗（拉）压强度设计值（MPa），可按本规程表 3.1.2-1、表 3.1.2-2 的规定取值。

4.5.4　塑料排水管道截面压屈稳定性应依据各项作用的不利组合进行计算，各项作用均应采用标准值，且环向稳定性抗力系数 K_s 不得低于 2.0。

4.5.5　在外部压力作用下，塑料排水管道管壁截面的环向稳定性计算应符合下式要求：

$$\frac{F_{cr,k}}{F_{vk}} \geqslant K_s \tag{4.5.5}$$

式中：$F_{cr,k}$——管壁失稳临界压力标准值（kN/m^2），应按本规程公式（4.5.7）计算；

F_{vk}——管顶在各项作用下的竖向压力标准值（kN/m^2），应按本规程公式（4.5.6）计算；

K_s——管道的环向稳定性抗力系数。

4.5.9

塑料排水管道的抗浮稳定性计算应符合下列要求：

$$F_{G,k} \geqslant K_f F_{fw,k} \tag{4.5.9-1}$$

$$F_{G,k} = \Sigma F_{sw,k} + \Sigma F'_{sw,k} + G_p \tag{4.5.9-2}$$

式中：$F_{G,k}$——抗浮永久作用标准值（kN）；

$\Sigma F_{sw,k}$——地下水位以上各层土自重标准值之和（kN）；

$\Sigma F'_{sw,k}$——地下水位以下至管顶处各竖向作用标准值之和（kN）；

G_p——管道自重标准值（kN）；

$F_{fw,k}$——浮托力标准值，等于管道实际排水体积与地下水密度之积（kN）；

K_f——管道的抗浮稳定性抗力系数，取1.10。

4.6.3 在外压荷载作用下，塑料排水管道竖向直径变形率不应大于管道允许竖向变形率 $[\rho]=0.05$，即应满足下式的要求。

$$\rho=\frac{w_d}{D_0}\leqslant[\rho] \tag{4.6.3}$$

式中：ρ——管道竖向直径变形率；

$[\rho]$——管道允许竖向直径变形率；

w_d——管道在外压作用下的长期竖向挠曲值（mm），可按本规程公式（4.6.2）计算；

D_0——管道计算直径（mm）。

5.3.6 塑料排水管道地基基础应符合设计要求，当管道天然地基的强度不能满足设计要求时，应按设计要求加固。

5.5.11 塑料排水管道管区回填施工应符合下列规定：

1 管底基础至管顶以上0.5m范围内，必须采用人工回填，轻型压实设备夯实，不得采用机械推土回填。

2 回填、夯实应分层对称进行，每层回填土高度不应大于200mm，不得单侧回填、夯实。

3 管顶0.5m以上采用机械回填压实时，应从管轴线两侧同时均匀进行，并夯实、碾压。

6.1.1 污水、雨污水合流管道及湿陷土、膨胀土、流砂地区的雨水管道，必须进行密闭性检验，检验合格后，方可投入运行。

6.2.1 当塑料排水管道沟槽回填至设计高程后，应在12～24h内测量管道竖向直径变形量，并应计算管道变形率。

第四章　城市与城镇建设给水排水

一、《城镇给水排水技术规范》GB 50788—2012

1　总则

1.0.1　为保障城镇用水安全和城镇水环境质量，维护水的健康循环，规范城镇给水排水系统和设施的基本功能和技术性能，制定本规范。

1.0.2　本规范适用于城镇给水、城镇排水、污水再生利用和雨水利用相关系统和设施的规划、勘察、设计、施工、验收、运行、维护和管理等。

城镇给水包括取水、输水、净水、配水和建筑给水等系统和设施；城镇排水包括建筑排水，雨水和污水的收集、输送、处理和处置等系统和设施；污水再生利用和雨水利用包括城镇污水再生利用和雨水利用系统及局部区域、住区、建筑中水和雨水利用等设施。

1.0.3　城镇给水排水系统和设施的规划、勘察、设计、施工、运行、维护和管理应遵循安全供水、保障服务功能、节约资源、保护环境、同水的自然循环协调发展的原则。

1.0.4　城镇给水排水系统和设施的规划、勘察、设计、施工、运行、维护和管理除应符合本规范的规定外，尚应符合国家现行有关标准的规定；当有关现行标准与本规范的规定不一致时，应按本规范的规定执行。

2　基本规定

2.0.1　城镇必须建设与其发展需求相适应的给水排水系统，维护水环境生态安全。

2.0.2　城镇给水、排水规划，应以区域总体规划、城市总体规划和镇总体规划为依据，应与水资源规划、水污染防治规划、生态环境保护规划和防灾规划等相协调。城镇排水规划与城镇给水规划应相互协调。

2.0.3　城镇给水排水设施应具备应对自然灾害、事故灾难、公共卫生事件和社会安全事件等突发事件的能力。

2.0.4　城镇给水排水设施的防洪标准不得低于所服务城镇设防的相应要求，并应留有适当的安全裕度。

2.0.5　城镇给水排水设施必须采用质量合格的材料与设备。城镇给水设施的材料与设备还必须满足卫生安全要求。

2.0.6　城镇给水排水系统应采用节水和节能型工艺、设备、器具和产品。

2.0.7　城镇给水排水系统中有关生产安全、环境保护和节水设施的建设，应与主体工程同时设计、同时施工、同时投产使用。

2.0.8　城镇给水排水系统和设施的运行、维护、管理应制定相应的操作标准，并严格执行。

2.0.9　城镇给水排水工程建设和运行过程中必须做好相关设施的建设和管理，满足生产安全、职业卫生安全、消防安全和安全保卫的要求。

2.0.10　城镇给水排水工程建设和运行过程产生的噪声、废水、废气和固体废弃物不应对周边环境和人身健康造成危害，并应采取措施减少温室气体的排放。

2.0.11　城镇给水排水设施运行过程中使用和产生的易燃、易爆及有毒化学危险品应实施严格管理，防止人身伤害和灾害性事故发生。

2.0.12　设置于公共场所的城镇给水排水相关设施应采取安全防护措施，便于维护，且不应影响公众安全。

2.0.13　城镇给水排水设施应根据其储存或传输介质的腐蚀性质及环境条件，确定构筑物、设备和管道应采取的相应防腐蚀措施。

2.0.14　当采用的新技术、新工艺和新材料无现行标准予以规范或不符合工程建设强制性标准时，应按相关程序和规定予以核准。

3　城镇给水

3.1　一般规定

3.1.1　城镇给水系统应具有保障连续不间断地向城镇供水的能力，满足城镇用水对水质、水量和水压的用水需求。

3.1.2　城镇给水中生活饮用水的水质必须符合国家现行生活饮用水卫生标准的要求。

3.1.3　给水工程规模应保障供水范围规定年限内的最高日用水量。

3.1.4　城镇用水量应与城镇水资源相协调。

3.1.5　城镇给水规划应在科学预测城镇用水量的基础上，合理开发利用水资源、协调给水设施的布局、正确指导给水工程建设。

3.1.6　城镇给水系统应具有完善的水质监测制度，配备合格的检测人员和仪器设备，对水质实施严格有效的监管。

3.1.7　城镇给水系统应建立完整、准确的水质监测档案。

3.1.8　供水、用水必须计量。

3.1.9　城镇给水系统需要停水时，应提前或及时通告。

3.1.10　城镇给水系统进行改、扩建工程时，应保障城镇供水安全，并应对相邻设施实施保护。

3.2　水源和取水

3.2.1　城镇给水水源的选择应以水资源勘察评价报告为依据，应确保取水量和水质可靠，严禁盲目开发。

3.2.2　城镇给水水源地应划定保护区，并应采取相应的水质安全保障措施。

3.2.3　大中城市应规划建设城市备用水源。

3.2.4 当水源为地下水时，取水量必须小于允许开采量。当水源为地表水时，设计枯水流量保证率和设计枯水位保证率不应低于90%。

3.2.5 地表水取水构筑物的建设应根据水文、地形、地质、施工、通航等条件，选择技术可行、经济合理、安全可靠的方案。

3.2.6 在高浊度江河、入海感潮江河、湖泊和水库取水时，取水设施位置的选择及采取的避沙、防冰、避咸、除藻措施应保证取水水质安全可靠。

3.3 给水泵站

3.3.1 给水泵站的规模应满足用户对水量和水压的要求。

3.3.2 给水泵站应设置备用水泵。

3.3.3 给水泵站的布置应满足设备的安装、运行、维护和检修的要求。

3.3.4 给水泵站应具备可靠的排水设施。

3.3.5 对可能发生水锤的给水泵站应采取消除水锤危害的措施。

3.4 输配管网

3.4.1 输水管道的布置应符合城镇总体规划，应以管线短、占地少、不破坏环境、施工和维护方便、运行安全为准则。

3.4.2 输配水管道的设计水量和设计压力应满足使用要求。

3.4.3 事故用水量应为设计水量的70%。当城镇输水采用2条以上管道时，应按满足事故用水量设置连通管；在多水源或设置了调蓄设施并能保证事故用水量的条件下，可采用单管。

3.4.4 长距离管道输水系统的选择应在输水线路、输水方式、管材、管径等方面进行技术、经济比较和安全论证，并应对管道系统进行水力过渡过程分析，采取水锤综合防护措施。

3.4.5 城镇配水管网干管应成环状布置。

3.4.6 应减少供水管网漏损率，并应控制在允许范围内。

3.4.7 供水管网严禁与非生活饮用水管道连通，严禁擅自与自建供水设施连接，严禁穿过毒物污染区；通过腐蚀地段的管道应采取安全保护措施。

3.4.8 供水管网应进行优化设计、优化调度管理，降低能耗。

3.4.9 输配水管道与建（构）筑物及其他管线的距离、位置应保证供水安全。

3.4.10 当输配水管道穿越铁路、公路和城市道路时，应保证设施安全；当埋设在河底时，管内水流速度应大于不淤流速，并应防止管道被洪水冲刷破坏和影响航运。

3.4.11 敷设在有冰冻危险地区的管道应采取防冻措施。

3.4.12 压力管道竣工验收前应进行水压试验。生活饮用水管道运行前应冲洗、消毒。

3.5 给水处理

3.5.1 城镇水厂对原水进行处理，出厂水水质不得低于现行国家生活饮用水卫生标准的要求，并应留有必要的裕度。

3.5.2 城镇水厂平面布置和竖向设计应满足各建（构）筑物的功能、运行和维护的要求，主要建（构）筑物之间应通行方便、保障安全。

3.5.3 生活饮用水必须消毒。

3.5.4 城镇水厂中储存生活饮用水的调蓄构筑物应采取卫生防护措施，确保水质安全。

3.5.5 城镇水厂的工艺排水应回收利用。

3.5.6 城镇水厂产生的泥浆应进行处理并合理处置。

3.5.7 城镇水厂处理工艺中所涉及的化学药剂，在生产、运输、存储、运行的过程中应采取有效防腐、防泄漏、防毒、防爆措施。

3.6 建筑给水

3.6.1 民用建筑与小区应根据节约用水的原则，结合当地气候和水资源条件、建筑标准、卫生器具完善程度等因素合理确定生活用水定额。

3.6.2 设置的生活饮用水管道不得受到污染，应方便安装与维修，并不得影响结构的安全和建筑物的使用。

3.6.3 生活饮用水不得因管道、设施产生回流而受污染，应根据回流性质、回流污染危害程度，采取可靠的防回流措施。

3.6.4　生活饮用水水池、水箱、水塔的设置应防止污水、废水等非饮用水的渗入和污染，并应采取保证储水不变质、不冻结的措施。

3.6.5　建筑给水系统应充分利用室外给水管网压力直接供水，竖向分区应根据使用要求、材料设备性能、节能、节水和维护管理等因素确定。

3.6.6　给水加压、循环冷却等设备不得设置在居住用房的上层、下层和毗邻的房间内，不得污染居住环境。

3.6.7　生活饮用水的水池（箱）应配置消毒设施，供水设施在交付使用前必须清洗和消毒。

3.6.8　消防给水系统和灭火设施应根据建筑用途、功能、规模、重要性及火灾特性、火灾危险性等因素合理配置。

3.6.9　消防给水水源必须安全可靠。

3.6.10　消防给水系统的水量、水压应满足使用要求。

3.6.11　消防给水系统的构筑物、站室、设备、管网等均应采取安全防护措施，其供电应安全可靠。

3.7　建筑热水和直饮水

3.7.1　建筑热水定额的确定应与建筑给水定额匹配，建筑热水热源应根据当地可再生能源、热资源条件并结合用户使用要求确定。

3.7.2　建筑热水供应应保证用水终端的水质符合现行国家生活饮用水水质标准的要求。

3.7.3　建筑热水水温应满足使用要求，特殊建筑内的热水供应应采取防烫伤措施。

3.7.4　水加热、储热设备及热水供应系统应保证安全、可靠地供水。

3.7.5　热水供水管道系统应设置必要的安全设施。

3.7.6　管道直饮水系统用户端的水质应符合现行行业标准《饮用净水水质标准》CJ 94 的规定，且应采取严格的保障措施。

4　城镇排水

4.1　一般规定

4.1.1　城镇排水系统应具有有效收集、输送、处理、处置和利用城镇雨水和污水，减少水污染物排放，并防止城镇被雨水、污水淹渍的功能。

4.1.2　城镇排水规划应合理确定排水系统的工程规模、总体布局和综合径流系数等，正确指导排水工程建设。城镇排水系统应与社会经济发展和相关基础设施建设相协调。

4.1.3　城镇排水体制的确定必须遵循因地制宜的原则，应综合考虑原有排水管网情况、地区降水特征、受纳水体环境容量等条件。

4.1.4　合流制排水系统应设置污水截流设施，合理确定截流倍数。

4.1.5　城镇采用分流制排水系统时，严禁雨、污水管渠混接。

4.1.6　城镇雨水系统的建设应利于雨水就近入渗、调蓄或收集利用，降低雨水径流总量和峰值流量，减少对水生态环境的影响。

4.1.7　城镇所有用水过程产生的污染水必须进行处理，不得随意排放。

4.1.8　排入城镇污水管渠的污水水质必须符合国家现行标准的规定。

4.1.9　城镇排水设施的选址和建设应符合防灾专项规划。

4.1.10　对于产生有毒有害气体或可燃气体的泵站、管道、检查井、构筑物或设备进行放空清理或维修时，必须采取确保安全的措施。

4.2　建筑排水

4.2.1　建筑排水设备、管道的布置与敷设不得对生活饮用水、食品造成污染，不得危害建筑结构和设备的安全，不得影响居住环境。

4.2.2　当不自带水封的卫生器具与污水管道或其他可能产生有害气体的排水管道连接时，应采取有效措施防止有害气体的泄漏。

4.2.3　地下室、半地下室中的卫生器具和地漏不得与上部排水管道连接，应采用压力排水系统，并应保证污水、废水安全可靠的排出。

4.2.4　下沉式广场、地下车库出入口等不能采用重力流排出雨水的场所，应设置压力流雨水排水系统，保证雨水及时安全排出。

4.2.5　化粪池的设置不得污染地下取水构筑物及生活储水池。

4.2.6　医疗机构的污水应根据污水性质、排放条件采取相应的处理工艺，并必须进行消毒处理。

4.2.7　建筑屋面雨水排除、溢流设施的设置和排水能力不得影响屋面结构、墙体及人员安全，并应保证及时排除设计重现期的雨水量。

4.3　排水管渠

4.3.1　排水管渠应经济合理地输送雨水、污水，并应具备下列性能：

1　排水应通畅，不应堵塞；

2　不应危害公众卫生和公众健康；

3　不应危害附近建筑物和市政公用设施；

4　重力流污水管道最大设计充满度应保障安全。

4.3.2　立体交叉地道应设置独立的排水系统。

4.3.3　操作人员下井作业前，必须采取自然通风或人工强制通风使易爆或有毒气体浓度降至安全范围；下井作业时，操作人员应穿戴供压缩空气的隔离式防护服；井下作业期间，必须采用连续的人工通风。

4.3.4　应建立定期巡视、检查、维护和更新排水管渠的制度，并应严格执行。

4.4　排水泵站

4.4.1　排水泵站应安全、可靠、高效地提升、排除雨水和污水。

4.4.2　排水泵站的水泵应满足在最高使用频率时处于高效区运行，在最高工作扬程和最低工作扬程的整个工作范围内应安全稳定运行。

4.4.3　抽送产生易燃易爆和有毒有害气体的室外污水泵站，必须独立设置，并采取相应的安全防护措施。

4.4.4　排水泵站的布置应满足安全防护、机电设备安装、运行和检修的要求。

4.4.5　与立体交叉地道合建的雨水泵站的电气设备应有不被淹渍的措施。

4.4.6　污水泵站和合流污水泵站应设置备用泵。道路立体交叉地道雨水泵站和为大型公共地下设施设置的雨水泵站应设置备用泵。

4.4.7　排水泵站出水口的设置不得影响受纳水体的使用功能，并应按当地航运、水利、港务和市政等有关部门要求设置消能设施和警示标志。

4.4.8　排水泵站集水池应有清除沉积泥砂的措施。

4.5　污水处理

4.5.1　污水处理厂应具有有效减少城镇水污染物的功能，排放的水、泥和气应符合国家现行相关标准的规定。

4.5.2　污水处理厂应根据国家排放标准、污水水质特征、处理后出水用途等科学确定污水处理程度，合理选择处理工艺。

4.5.3　污水处理厂的总体设计应有利于降低运行能耗，减少臭气和噪声对操作管理人员的影响。

4.5.4　合流制污水处理厂应具有处理截流初期雨水的能力。

4.5.5　污水采用自然处理时不得降低周围环境的质量，不得污染地下水。

4.5.6　城镇污水处理厂出水应消毒后排放，污水消毒场所应有安全防护措施。

4.5.7　污水处理厂应设置水量计量和水质监测设施。

4.6　污泥处理

4.6.1 污泥应进行减量化、稳定化和无害化处理并安全、有效处置。

4.6.2 在污泥消化池、污泥气管道、储气罐、污泥气燃烧装置等具火灾或爆炸危险的场所，应采取安全防范措施。

4.6.3 污泥气应综合利用，不得擅自向大气排放。

4.6.4 污泥浓缩脱水机房应通风良好，溶药场所应采取防滑措施。

4.6.5 污泥堆肥场地应采取防渗和收集处理渗沥液等措施，防止水体污染。

4.6.6 污泥热干化车间和污泥料仓应采取通风防爆的安全措施。

4.6.7 污泥热干化、污泥焚烧车间必须具有烟气净化处理设施。经净化处理后，排放的烟气应符合国家现行相关标准的规定。

5 污水再生利用与雨水利用

5.1 一般规定

5.1.1 城镇应根据总体规划和水资源状况编制城镇再生水与雨水利用规划。

5.1.2 城镇再生水与雨水利用工程应满足用户对水质、水量、水压的要求。

5.1.3 城镇再生水与雨水利用工程应保障用水安全。

5.2 再生水水源和水质

5.2.1 城镇再生水水源应保障水源水质和水量的稳定、可靠、安全。

5.2.2 重金属、有毒有害物质超标的污水、医疗机构污水和放射性废水严禁作为再生水水源。

5.2.3 再生水水质应符合国家现行相关标准的规定。对水质要求不同时，应首先满足用水量大、水质标准低的用户。

5.3 再生水利用安全保障

5.3.1 城镇再生水工程应设置溢流和事故排放管道。当溢流排入管道或水体时应符合国家排放标准的规定；当事故排放时应采取相关应急措施。

5.3.2　城镇再生水利用工程应设置再生水储存设施，并应做好卫生防护工作，保障再生水水质安全。

5.3.3　城镇再生水利用工程应设置消毒设施。

5.3.4　城镇再生水利用工程应设置水量计量和水质监测设施。

5.3.5　当将生活饮用水作为再生水的补水时，应采取可靠有效的防回流污染措施。

5.3.6　再生水用水点和管道应有防止误接或误用的明显标志。

5.4　雨水利用

5.4.1　雨水利用工程建设应以拟建区域近期历年的降雨量资料及其他相关资料作为依据。

5.4.2　雨水利用规划应以雨水收集回用、雨水入渗、调蓄排放等为重点。

5.4.3　雨水利用设施的建设应充分利用城镇及周边区域的天然湖塘洼地、沼泽地、湿地等自然水体。

5.4.4　雨水收集、调蓄、处理和利用工程不应对周边土壤环境、植物的生长、地下含水层的水质和环境景观等造成危害和隐患。

5.4.5　根据雨水收集回用的用途，当有细菌学指标要求时，必须消毒后再利用。

6　结构

6.1　一般规定

6.1.1　城镇给水排水工程中各厂站的地面建筑物，其结构设计、施工及质量验收应符合国家现行工业与民用建筑标准的相应规定。

6.1.2　城镇给水排水设施中主要构筑物的主体结构和地下干管，其结构设计使用年限不应低于50年；安全等级不应低于二级。

6.1.3　城镇给水排水工程中构筑物和管道的结构设计，必须依据岩土工程勘察报告，确定结构类型、构造、基础形式及地基处理方式。

6.1.4　构筑物和管道结构的设计、施工及管理应符合下列要求：

1　结构设计应计入在正常建造、正常运行过程中可能发生的各种工况的组合荷载、地震作用（位于地震区）和环境影响（温、湿度变化，周围介质影响等）；并正确建立计算模型，进行相应的承载力和变形、开裂控制等计算。

2　结构施工应按照相应的国家现行施工及质量验收标准执行。

3　应制定并执行相应的养护操作规程。

6.1.5　构筑物和管道结构在各项组合作用下的内力分析，应按弹性体计算，不得考虑非弹性变形引起的内力重分布。

6.1.6　对位于地表水或地下水以下的构筑物和管道，应核算施工及使用期间的抗浮稳定性；相应核算水位应依据勘察文件提供的可能发生的最高水位。

6.1.7　构筑物和管道的结构材料，其强度标准值不应低于95%的保证率；当位于抗震设防地区时，结构所用的钢材应符合抗震性能要求。

6.1.8　应控制混凝土中的氯离子含量；当使用碱活性骨料时，尚应限制混凝土中的碱含量。

6.1.9　城镇给水排水工程中的构筑物和地下管道，不应采用遇水浸蚀材料制成的砌块和空芯砌块。

6.1.10　对钢筋混凝土构筑物和管道进行结构设计时，当构件截面处于中心受拉或小偏心受拉时，应按控制不出现裂缝设计；当构件截面处于受弯或大偏心受拉（压）时，应按控制裂缝宽度设计，允许的裂缝宽度应满足正常使用和耐久性要求。

6.1.11　对平面尺寸超长的钢筋混凝土构筑物和管道，应计入混凝土成型过程中水化热及运行期间季节温差的作用，在设计和施工过程中均应制定合理、可靠的应对措施。

6.1.12　进行基坑开挖、支护和降水时，应确保结构自身及其周边环境的安全。

6.1.13　城镇给水排水工程结构的施工及质量验收应符合下列

要求：

1　工程采用的成品、半成品和原材料等应符合国家现行相关标准和设计要求，进入施工现场时应进行进场验收，并按国家有关标准规定进行复验。

2　对非开挖施工管道、跨越或穿越江河管道等特殊作业，应制定专项施工方案。

3　对工程施工的全过程应按国家现行相应施工技术标准进行质量控制；每项工程完成后，必须进行检验；相关各分项工程间，必须进行交接验收。

4　所有隐蔽分项工程，必须进行隐蔽验收；未经检验或验收不合格时，不得进行下道分项工程。

5　对不合格分项、分部工程通过返修或加固仍不能满足结构安全或正常使用功能要求时，严禁验收。

6.2　构筑物

6.2.1　盛水构筑物的结构设计，应计入施工期间的水密性试验和运行期间（分区运行、养护维修等）可能发生的各种工况组合作用，包括温度、湿度作用等环境影响。

6.2.2　对预应力混凝土构筑物进行结构设计时，在正常运行时各种组合作用下，应控制构件截面处于受压状态。

6.2.3　盛水构筑物的混凝土材料应符合下列要求：

1　应选用合适的水泥品种和水泥用量。

2　混凝土的水胶比应控制在不大于0.5。

3　应根据运行条件确定混凝土的抗渗等级。

4　应根据环境条件（寒冷或严寒地区）确定混凝土的抗冻等级。

5　应根据环境条件（大气、土壤、地表水或地下水）和运行介质的侵蚀性，有针对性地选用水泥品种和水泥用量，满足抗侵蚀要求。

6.3　管道

6.3.1　城镇给水排水工程中，管道的管材及其接口连接构造等的选用，应根据管道的运行功能、施工敷设条件、环境条件，经技术经济比较确定。

6.3.2 埋地管道的结构设计，应鉴别设计采用管材的刚、柔性。在组合荷载的作用下，对刚性管道应进行强度和裂缝控制核算；对柔性管道，应按管土共同工作的模式进行结构内力分析，核算截面强度、截面环向稳定及变形量。

6.3.3 对开槽敷设的管道，应对管道周围不同部位回填土的压实度分别提出设计要求。

6.3.4 对非开挖顶进施工的管道，管顶承受的竖向土压力应计入上部土体极限平衡裂面上的剪应力对土压力的影响。

6.3.5 对跨越江湖架空敷设的拱形或折线形钢管道，应核算其在侧向荷载作用下，出平面变位引起的 $P-\Delta$ 效应。

6.3.6 对塑料管进行结构核算时，其物理力学性能指标的标准值，应针对材料的长期效应，按设计使用年限内的后期数值采用。

6.4 结构抗震

6.4.1 抗震设防烈度为6度及高于6度地区的城镇给水排水工程，其构筑物和管道的结构必须进行抗震设计。相应的抗震设防类别及设防标准，应按现行国家标准《建筑工程抗震设防分类标准》GB 50223确定。

6.4.2 抗震设防烈度必须按国家规定的权限审批及颁发的文件（图件）确定。

6.4.3 城镇给水排水工程中构筑物和管道的结构，当遭遇本地区抗震设防烈度的地震影响时，应符合下列要求：

1 构筑物不需修理或经一般修理后应仍能继续使用；

2 管道震害在管网中应控制在局部范围内，不得造成较严重次生灾害。

6.4.4 抗震设计中，采用的抗震设防烈度和设计基本地震加速度取值的对应关系，应为6度：0.05g；7度：0.1g(0.15g)；8度：0.2g(0.3g)；9度：0.4g。g 为重力加速度。

6.4.5　构筑物的结构抗震验算，应对结构的两个主轴方向分别计算水平地震作用（结构自重惯性力、动水压力、动土压力等），并由该方向的抗侧力构件全部承担。当设防烈度为9度时，对盛水构筑物尚应计算竖向地震作用效应，并与水平地震作用效应组合。

6.4.6　当需要对埋地管道结构进行抗震验算时，应计算在地震作用下，剪切波行进时管道结构的位移或应变。

6.4.7　结构抗震体系应符合下列要求：

1　应具有明确的结构计算简图和合理的地震作用传递路线；

2　应避免部分结构或构件破坏而导致整个体系丧失承载力；

3　同一结构单元应具有良好的整体性；对局部薄弱部位应采取加强措施；

4　对埋地管道除采用延性良好的管材外，沿线应设置柔性连接措施。

6.4.8　位于地震液化地基上的构筑物和管道，应根据地基土液化的严重程度，采取适当的消除或减轻液化作用的措施。

6.4.9　埋地管道傍山区边坡和江、湖、河道岸边敷设时，应对该处边坡的稳定性进行验算并采取抗震措施。

7　机械、电气与自动化

7.1　一般规定

7.1.1　机电设备及其系统应能安全、高效、稳定地运行，且应便于使用和维护。

7.1.2　机电设备及其系统的效能应满足生产工艺和生产能力要求，并且应满足维护或故障情况下的生产能力要求。

7.1.3　机电设备的易损件、消耗材料配备，应保障正常生产和维护保养的需要。

7.1.4　机电设备在安装、运行和维护过程中均不得对工作人员的健康或周边环境造成危害。

7.1.5　机电设备及其系统应能为突发事件情况下所采取的各项

应对措施提供保障。

7.1.6　在爆炸性危险气体或爆炸性危险粉尘环境中，机电设备的配置和使用应符合国家现行相关标准的规定。

7.1.7　机电设备及其系统应定期进行专业的维护保养。

7.2　机械设备

7.2.1　机械设备各组成部件的材质，应满足卫生、环保和耐久性的要求。

7.2.2　机械设备的操作和控制方式应满足工艺和自动化控制系统的要求。

7.2.3　起重设备、锅炉、压力容器、安全阀等特种设备必须检验合格，取得安全认证。运行期间应按国家相关规定进行定期检验。

7.2.4　机械设备基础的抗震设防烈度不应低于主体构筑物的抗震设防烈度。

7.2.5　机械设备有外露运动部件或走行装置时，应采取安全防护措施，并应对危险区域进行警示。

7.2.6　机械设备的临空作业场所应具有安全保障措施。

7.3　电气系统

7.3.1　电源和供电系统应满足城镇给水排水设施连续、安全运行的要求。

7.3.2　城镇给水排水设施的工作场所和主要道路应设置照明，需要继续工作或安全撤离人员的场所应设置应急照明。

7.3.3　城镇给水排水构筑物和机电设备应按国家现行相关标准的规定采取防雷保护措施。

7.3.4　盛水构筑物上所有可触及的导电部件和构筑物内部钢筋等都应作等电位连接，并应可靠接地。

7.3.5　城镇给水排水设施应具有安全的电气和电磁环境，所采用的机电设备不应对周边电气和电磁环境的安全和稳定构成损害。

7.3.6　机电设备的电气控制装置应能够提供基本的、独立的运行保护和操作保护功能。

7.3.7 电气设备的工作环境应满足其长期安全稳定运行和进行常规维护的要求。

7.4 信息与自动化控制系统

7.4.1 存在或可能积聚毒性、爆炸性、腐蚀性气体的场所，应设置连续的监测和报警装置，该场所的通风、防护、照明设备应能在安全位置进行控制。

7.4.2 爆炸性危险气体、有毒气体的检测仪表必须定期进行检验和标定。

7.4.3 城镇给水厂站和管网应设置保障供水安全和满足工艺要求的在线式监测仪表和自动化控制系统。

7.4.4 城镇污水处理厂应设置在线监测污染物排放的水质、水量检测仪表。

7.4.5 城镇给水排水设施的仪表和自动化控制系统应能够监视与控制工艺过程参数和工艺设备的运行，应能够监视供电系统设备的运行。

7.4.6 应采取自动监视和报警的技术防范措施，保障城镇给水设施的安全。

7.4.7 城镇给水排水系统的水质化验检测设备的配置应满足正常生产条件下质量控制的需要。

7.4.8 城镇给水排水设施的通信系统设备应满足日常生产管理和应急通信的需要。

7.4.9 城镇给水排水系统的生产调度中心应能够实时监控下属设施，实现生产调度，优化系统运行。

7.4.10 给水排水设施的自动化控制系统和调度中心应安全可靠，连续运行。

7.4.11 城镇给水排水信息系统应具有数据采集与处理、事故预警、应急处置等功能，应作为数字化城市信息系统的组成部分。

二、《城市地下水动态观测规程》CJJ 76—2012

1.0.3　城市地下水动态观测网应纳入城市规划，并结合城市发展情况予以实施。利用地下水作为城市供水水源、有地下空间开发规划和有海水入侵、海平面上升、滑坡、岩溶塌陷、地面沉降等灾害影响的城市，均应进行地下水动态观测。

三、《城镇供水管网漏水探测技术规程》CJJ 159—2011

3.0.7　城镇供水管网漏水探测使用的仪器设备应按照规定进行保养和校验。使用的计量器具应在计量检定周期的有效期内。

3.0.12　城镇供水管网漏水探测作业安全保护工作应符合现行行业标准《城市地下管线探测技术规程》CJJ 61 的规定。打钻或开挖时，应避免破损供水管道及相邻其他管线或设施。

3.0.13　城镇供水管网漏水探测作业不得污染供水水质。

3.0.14　漏水探测作业时必须做好人身和现场的安全防护工作。漏水探测人员应穿戴有明显标志的工作服，夜间工作时必须穿反光背心；工作现场应设置围栏、警示标志和交通标志等。

四、《城市供水管网漏损控制及评定标准》CJJ 92—2002

3.1.2　除消防和冲洗管网用水外，水厂的供水、生产运营用水、公共服务用水、居民家庭用水、绿化用水、深井回灌等都必须安装水量计量仪表。

3.1.6　水表强制鉴定应符合国家《强制检定的工作计量器具实施检定的有关规定》的要求。管径 DN15～25 的水表，使用期限不得超过六年；管径 DN＞25 的水表，使用期限不得超过四年。

3.1.7　有关出厂供水计量校核数据、用户用水计量水表换表统计、未计量有效用水量的计算依据，必须存档备查。

6.1.1　城市供水企业管网基本漏损率不应大于 12％。

6.2.1　当居民用水按户抄表的水量大于 70％时，漏损率应增加1%。

6.2.2 评定标准应按单位供水量管长进行修正，修正值应符合表6.2.2的规定。

表6.2.2　单位供水量管长的修正值

供水管径 *DN*	单位供水量管长	修正值
≥75	<1.4km/km³/d	减2%
≥75	≥1.40 km/km³/d，≤1.64 km/km³/d	减1%
≥75	≥2.06 km/km³/d，≤2.40 km/km³/d	加1%
≥75	≥2.41 km/km³/d，≤2.70 km/km³/d	加2%
≥75	≥2.70 km/km³/d	加3%

6.2.3 评定标准应按年平均出水压力值进行修正，修正值应符合下列规定：

1 年平均出厂压力大于0.55MPa小于等于0.75MPa，漏损率应增加1%。

2 年平均出厂压力大于0.75MPa时，漏损率应增加2%。

五、《城镇供水厂运行、维护及安全技术规程》CJJ 58—2009

2.1.4 经净化后的出厂水水质必须能使管网水达到国家现行的《生活饮用水卫生标准》GB 5749的规定。

2.2.1 城镇供水厂必须按照国家现行的《生活饮用水卫生标准》GB 5749的规定并结合本地区的原水水质特点对进厂原水进行水质监测。当原水水质发生异常变化时，应根据需要增加监测项目和频次。

3.1.2 制水生产工艺应保证供水水质符合现行国家标准《生活饮用水卫生标准》GB 5749和企业自己制定的水质管理标准。

4.1.1 地表水取水口防护应符合下列规定：

1 在国家规定的防护地带内上游1000m至下游100m段（有潮汐的河道可适当扩大），定期进行巡视。

2 汛期应组织专业人员了解上游汛情，检查取水口构筑物的完好情况，防止洪水危害和污染。冬季结冰的取水口，应有防结冰措施及解冻时防冰凌冲撞措施。

4.1.3 移动式取水口的运行，应符合下列规定：

1 取水头部应符合本规程 4.1.2 第 3 条的规定。

2 为防冲击，应加设防护桩并应装设信号灯或其他形式的明显标志。

3 在杂草旺盛季节，应设专人清理取水口，及时清扫。

六、《城镇排水管渠与泵站维护技术规程》CJJ 68—2007

3.1.6 在分流制排水地区，严禁雨污水混接。

3.2.6 当发现井盖缺失或损坏后，必须及时安防护栏和警示标志，并应在 8h 内恢复。

3.3.8 对人员进入管内检查的管道，其直径不得小于 800mm，流速不得大于 0.5m/s，水深不得大于 0.5m。

3.3.12 采用潜水检查的管道，其管径不得小于 1200mm，流速不得大于 0.5m/s。

3.4.1 重力流排水管道严禁采用上跨障碍物的敷设方式。

3.4.4 封堵管道必须经排水管道部门批准；封堵前应做好临时排水措施。

3.4.15 主管的废除和迁移必须经排水管理部门批注。

七、《城镇排水管道维护安全技术规程》CJJ 6—2009

3.0.6 在进行路面作业时，维护作业人员应穿戴配有反光标志的安全警示服并正确佩戴和使用劳动防护用品；未按规定穿戴安全警示服及佩戴和使用劳动防护用品的人员，不得上岗作业。

3.0.10 维护作业区域应采取设置安全警示标志等防护措施；夜间作业时，应在作业区域周边明显处设置警示灯；作业完毕，应及时清除障碍物。

3.0.11 维护作业现场严禁吸烟，未经许可严禁动用明火。

3.0.12 当维护作业人员进入排水管道内部检查、维护作业时，必须同时符合下列各项要求：

1　管径不得小于 0.8m；

2　管内流速不得大于 0.5m/s；

3　水深不得大于 0.5m；

4　充满度不得大于 50%。

4.2.3　开启压力井盖时，应采取相应的防爆措施。

5.1.2　下井作业人员必须经过专业安全技术培训、考核，具备下井作业资格，并应掌握人工急救技能和防护用具、照明、通信设备的使用方法。作业单位应为下井作业人员建立个人培训档案。

5.1.6　井下作业必须履行审批手续，执行当地的下井许可制度。

5.1.8　井下作业前，维护作业单位必须检测管道内有害气体。井下有害气体浓度必须符合本规程第 5.3 节的有关规定。

5.1.10　井下作业时，必须进行连续气体检测，且井上监护人员不得少于两人；进入管道内作业时，井室内应设置专业呼应和监护，监护人员严禁擅离职守。

5.3.6　气体检测设备必须按相关规定定期进行检定，检定合格后方可使用。

6.0.1　井下作业时，应使用隔离式防毒面具，不应使用过滤式防毒面具和半隔离式防毒面具以及氧气呼吸设备。

6.0.3　防护设备必须按相关规定定期进行维护检查。严禁使用质量不合格的防毒和防护设备。

6.0.5　安全带应采用悬挂双背带式安全带。使用频繁的安全带、安全绳应经常进行外观检查，发现异常应立即更换。

7.0.1　维护作业单位必须制定中毒、窒息等事故应急救援预案，并应按相关规定定期进行演练。

7.0.4　当需下井抢救时，抢救人员必须在做好个人安全防护并有专人监护下进行下井抢救，必须佩戴好便携式空气呼吸器、悬挂双背带式安全带，并系好安全绳，严禁盲目施救。

八、《城镇排水管道检测与评估技术规程》CJJ 181—2012

3.0.19 排水管道检测时的现场作业应符合现行行业标准《城镇排水管道维护安全技术规程》CJJ 6 的有关规定。现场使用的检测设备，其安全性能应符合现行国家标准《爆炸性气体环境用电气设备》GB 3836 的有关规定。现场检测人员的数量不得少于2人。

7.1.7 检查人员进入管内检查时，必须拴有带距离刻度的安全绳，地面人员应及时记录缺陷的位置。

7.2.4 检查人员自进入检查井开始，在管道内连续工作时间不得超过1h。当进入管道的人员遇到难以穿越的障碍时，不得强行通过，应立即停止检测。

7.2.6 当待检管道邻近基坑或水体时，应根据现场情况对管道进行安全性鉴定后，检查人员方可进入管道。

九、《城镇排水系统电气与自动化工程技术规程》CJJ 120—2008

3.10.11 进出防雷保护区的金属线路必须加装防雷保护器，保护器应可靠接地。

5.8.1 污泥消化池、沼气池、沼气过滤间、沼气压缩机房、沼气火炬、加氯间等防爆场所的电气设备必须采用防爆电器，并应符合下列规定：

1 电动机应采用隔爆型或正压型鼠笼型感应电动机。

2 控制开关及按钮应采用本安型或隔爆型设备。

3 照明灯具应采用隔爆型设备。

6.11.5 在爆炸危险场所安装的自动化系统的仪表和材料，必须具有符合国家现行防爆质量标准的技术鉴定文件或防爆等级标志；其外部应无损伤和裂缝。

十、《城市给水工程规划规范》GB 50282—98

2.1.2 城市水资源和城市用水量之间应保持平衡，以确保城市可持续发展。在几个城市共享同一水源或水源在城市规划区以外时，应进行市域或区域、流域范围的水资源供需平衡分析。

2.2.7 自备水源供水的工矿企业和公共设施的用水量应纳入城市用水量中，由城市给水工程进行统一规划。

5.0.2 选用地表水为城市给水水源时，城市给水水源的枯水流量保证率应根据城市性质和规模确定，可采用90%～97%。建制镇给水水源的枯水流量保证率应符合现行国家标准《村镇规划标准》GB 50188的有关规定。当水源的枯水流量不能满足上述要求时，应采取多水源调节或调蓄等措施。

6.2.1 给水系统中的工程设施不应设置在易发生滑坡、泥石流、塌陷等不良地质地区及洪水淹没和内涝低洼地区。地表水取水构筑物应设置在河岸及河床稳定的地段。工程设施的防洪及排涝等级不应低于所在城市设防的相应等级。

6.2.2 规划长距离输水管线时，输水管不宜少于两根。当其中一根发生事故时，另一根管线的事故给水量不应小于正常给水量的70%。当城市为多水源、给水或具备应急水源安全水池等条件时，亦可采用单管输水。

6.2.3 市区的配水管网应布置成环状。

6.2.4 给水系统主要工程设施供电等级应为一级负荷。

7.0.2 选用地表水为水源时，水源地应位于水体功能区划规定的取水段或水质符合相应标准的河段。饮用水水源地应位于城镇和工业区的上游。饮用水水源地一级保护区应符合现行国家标准《地面水环境质量标准》GB 3838中规定的Ⅱ类标准。

7.0.3 选用地下水水源时，水源地应设在不易受污染的富水地段。

8.0.1 城市应采用管道或暗渠输送原水。当采用明渠时，应采取保护水质和防止水量流失的措施。

8.0.6　水厂用地应按规划期给水规模确定，用地控制指标应按表 8.0.6 采用。水厂厂区周围应设置宽度不小于 10m 的绿化地带。

表 8.0.6　水厂用地控制指标

建设规模（万 m^3/d）	地表水水厂（$m^2 \cdot d/m^3$）	地表水水厂（$m^2 \cdot d/m^3$）
0.7～0.5	0.7～0.5	0.4～0.3
0.5～0.3	0.5～0.3	0.3～0.2
0.3～0.1	0.3～0.1	0.2～0.08

注：1. 建设规模大的取下限，建设规模小的取上限。

2. 地表水水厂建设用地按常规处理工艺进行，厂内设置预处理或深度处理构筑物以及污泥处理设施时，可根据需要增加用地。

3. 地下水水厂建设用地按消毒工艺进行，厂内设置特殊水质处理工艺时，可根据需要增加用地。

4. 本表指标未包括厂区周围绿化地带用地。

9.0.5　当配水系统中需设置加压泵站时，其用地控制指标应按表 9.0.5 采用。泵站周围应设置宽度不小于 10m 的绿化地带。

表 9.0.5　泵站用地控制指标

建设规模（万 m^3/d）	用地指标（$m^2 \cdot d/m^3$）
5～10	0.25～0.20
10～30	0.20～0.10
30～50	0.10～0.03

注：1. 建设规模大的取下限，建设规模小的取上限。

2. 加压泵站设有大容量的调节水池时，可根据需要增加用地。

3. 本指标未包括站区周围绿化地带用地。

十一、《城市工程管线综合规划规范》GB 50289—98

2.1.2　工程管线的平面位置和竖向位置均应采用城市统一的坐

标系统和高程系统。

2.1.3.3 平原城市宜避开土质松软地区、地震断裂带、沉陷区以及地下水位较高的不利地带；起伏较大的山区城市，应结合城市地形的特点合理布置工程管线位置，并应避开滑坡危险地带和洪峰口。

2.2.1 严寒或寒冷地区给水、排水、燃气等工程管线应根据土壤冰冻深度确定管线覆土深度；热力、电信、电力电缆等工程管线以及严寒或寒冷地区以外的地区的工程管线应根据土壤性质和地面承受荷载的大小确定管线的覆土深度。工程管线的最小覆土深度应符合表 2.2.1 的规定。

表 2.2.1 工程管线的最小覆土深度（m）

序号		1		2		3		4	5	6	7
管线名称		电力管线		电信管线		热力管线		燃气管线	给水管线	雨水排水管线	污水排水管线
		直埋	管沟	直埋	管沟	直埋	管沟				
最小覆土深度（m）	人行道下	0.50	0.40	0.70	0.40	0.50	0.20	0.60	0.60	0.60	0.60
	车行道下	0.70	0.50	0.80	0.70	0.70	0.20	0.80	0.70	0.70	0.70

注：10kV 以上直埋电力电缆管线的覆土深度不应小于 1.0m。

2.2.8 河底敷设的工程管线应选择在稳定河段，埋设深度应按不妨碍河道的整治和管线安全的原则确定。当在河道下面敷设工程管线时应符合下列规定：

2.2.8.1 在一至五级航道下面敷设，应在航道底设计高程 2m 以下；

2.2.8.2 在其他河道下面敷设，应在河底设计高程 1m 以下；

2.2.8.3 当在灌溉渠道下面敷设，应在渠底设计高程 0.5m 以下。

2.2.9 工程管线之间及其与建（构）筑物之间的最小水平净距应符合表 2.2.9 的规定。

表 2.2.9　工程管线之间及其与建（构）筑物之间的最小水平净距（m）

<table>
<tr><td rowspan="4">序号</td><td colspan="3" rowspan="4">管线名称</td><td>1</td><td colspan="2">2</td><td>3</td><td colspan="5">4</td><td colspan="2">5</td><td colspan="2">6</td><td colspan="2">7</td><td>8</td><td>9</td><td colspan="3">10</td><td>11</td><td>12</td></tr>
<tr><td rowspan="3">建筑物</td><td colspan="2">给水管</td><td rowspan="3">污水雨水排水管</td><td colspan="5">燃气管</td><td colspan="2">热力管</td><td colspan="2">电力电缆</td><td colspan="2">电信电缆</td><td rowspan="3">乔木</td><td rowspan="3">灌木</td><td colspan="3">地上杆柱</td><td rowspan="3">道路侧石边缘</td><td rowspan="3">铁路钢轨（或坡脚）</td></tr>
<tr><td rowspan="2">d≤200mm</td><td rowspan="2">d>200mm</td><td rowspan="2">低压</td><td colspan="2">中压</td><td colspan="2">高压</td><td rowspan="2">直埋</td><td rowspan="2">地沟</td><td rowspan="2">直埋</td><td rowspan="2">缆沟</td><td rowspan="2">直埋</td><td rowspan="2">管道</td><td rowspan="2">通信照明及<10kV</td><td colspan="2">高压铁塔基础边</td></tr>
<tr><td>B</td><td>A</td><td>B</td><td>A</td><td>≤35kV</td><td>>35kV</td></tr>
<tr><td>1</td><td colspan="3">建筑物</td><td></td><td>1.0</td><td>3.0</td><td>2.5</td><td>0.7</td><td>1.5</td><td>2.0</td><td>4.0</td><td>6.0</td><td>2.5</td><td>0.5</td><td colspan="2">0.5</td><td>1.0</td><td>1.5</td><td>3.0</td><td>1.5</td><td colspan="3">*</td><td></td><td>6.0</td></tr>
<tr><td rowspan="2">2</td><td colspan="2" rowspan="2">给水管</td><td>d≤200mm</td><td>1.0</td><td colspan="2" rowspan="2"></td><td>1.0</td><td colspan="3" rowspan="2">0.5</td><td rowspan="2">1.0</td><td rowspan="2">1.5</td><td colspan="2" rowspan="2">1.5</td><td colspan="2" rowspan="2">0.5</td><td colspan="2" rowspan="2">1.0</td><td colspan="2" rowspan="2">1.5</td><td rowspan="2">0.5</td><td colspan="2" rowspan="2">3.0</td><td rowspan="2">1.5</td><td rowspan="8">5.0</td></tr>
<tr><td>d>200mm</td><td>3.0</td><td>1.5</td></tr>
<tr><td>3</td><td colspan="3">污水、雨水排水管</td><td>2.5</td><td>1.0</td><td>1.5</td><td></td><td>1.0</td><td colspan="2">1.2</td><td>1.5</td><td>2.0</td><td colspan="2">1.5</td><td colspan="2">0.5</td><td colspan="2">1.0</td><td colspan="2">1.5</td><td>0.5</td><td colspan="2">1.5</td><td>1.5</td></tr>
<tr><td rowspan="5">4</td><td rowspan="5">燃气管</td><td>低压</td><td>p≤0.005MPa</td><td>0.7</td><td colspan="2" rowspan="3">0.5</td><td>1.0</td><td colspan="5" rowspan="5">DN≤300mm 0.4
DN>300mm 0.5</td><td colspan="2">1.0</td><td colspan="2" rowspan="3">0.5</td><td rowspan="3">0.5</td><td rowspan="3">1.0</td><td colspan="2" rowspan="5">1.2</td><td rowspan="5">1.0</td><td rowspan="5">1.0</td><td rowspan="5">5.0</td><td rowspan="3">1.5</td></tr>
<tr><td rowspan="2">中压</td><td>0.005MPa<p≤0.2MPa</td><td>1.5</td><td rowspan="2">1.2</td><td rowspan="2">1.0</td><td rowspan="2">1.5</td></tr>
<tr><td>0.2MPa<p≤0.4MPa</td><td>2.0</td></tr>
<tr><td rowspan="2">高压</td><td>0.4MPa<p≤0.8MPa</td><td>4.0</td><td colspan="2">1.0</td><td>1.5</td><td>1.5</td><td>2.0</td><td colspan="2">1.0</td><td colspan="2">1.0</td><td rowspan="2">2.5</td></tr>
<tr><td>0.8MPa<p≤1.6MPa</td><td>6.0</td><td colspan="2">1.5</td><td>2.0</td><td>2.0</td><td>4.0</td><td colspan="2">1.5</td><td colspan="2">1.5</td></tr>
<tr><td rowspan="2">5</td><td colspan="2" rowspan="2">热力管</td><td>直埋</td><td>2.5</td><td colspan="2" rowspan="2">1.5</td><td rowspan="2">1.5</td><td rowspan="2">1.0</td><td colspan="2">1.0</td><td>1.5</td><td>2.0</td><td colspan="2" rowspan="2"></td><td colspan="2" rowspan="2">2.0</td><td colspan="2" rowspan="2">1.0</td><td colspan="2" rowspan="2">1.5</td><td rowspan="2">1.0</td><td rowspan="2">2.0</td><td rowspan="2">3.0</td><td rowspan="2">1.5</td><td rowspan="2">1.0</td></tr>
<tr><td>地沟</td><td>0.5</td><td colspan="2">1.5</td><td>2.0</td><td>4.0</td></tr>
</table>

续表 2.2.9

<table>
<tr><td rowspan="4">序号</td><td rowspan="4" colspan="3">管线名称</td><td>1</td><td colspan="2">2</td><td>3</td><td colspan="5">4</td><td colspan="2">5</td><td colspan="2">6</td><td colspan="2">7</td><td>8</td><td>9</td><td colspan="3">10</td><td>11</td><td>12</td></tr>
<tr><td rowspan="3">建筑物</td><td colspan="2">给水管</td><td rowspan="3">污水雨水排水管</td><td colspan="5">燃气管</td><td colspan="2">热力管</td><td colspan="2">电力电缆</td><td colspan="2">电信电缆</td><td rowspan="3">乔木</td><td rowspan="3">灌木</td><td colspan="3">地上杆柱</td><td rowspan="3">道路侧石边缘</td><td rowspan="3">铁路钢轨（或坡脚）</td></tr>
<tr><td rowspan="2">$d\leqslant$ 200 mm</td><td rowspan="2">$d>$ 200 mm</td><td rowspan="2">低压</td><td colspan="2">中压</td><td colspan="2">高压</td><td rowspan="2">直埋</td><td rowspan="2">地沟</td><td rowspan="2">直埋</td><td rowspan="2">缆沟</td><td rowspan="2">直埋</td><td rowspan="2">管道</td><td rowspan="2">通信照明及<10 kV</td><td colspan="2">高压铁塔基础边</td></tr>
<tr><td>B</td><td>A</td><td>B</td><td>A</td><td>≤35 kV</td><td>>35 kV</td></tr>
<tr><td rowspan="2">6</td><td rowspan="2">电力电缆</td><td colspan="2">直埋</td><td rowspan="2">0.5</td><td colspan="2" rowspan="2">0.5</td><td rowspan="2">0.5</td><td rowspan="2">0.5</td><td colspan="2" rowspan="2">0.5</td><td rowspan="2">1.0</td><td rowspan="2">1.5</td><td colspan="2" rowspan="2">2.0</td><td colspan="2" rowspan="2"></td><td colspan="2" rowspan="2">0.5</td><td colspan="2" rowspan="2">1.0</td><td colspan="3" rowspan="2">0.6</td><td rowspan="2">1.5</td><td rowspan="2">3.0</td></tr>
<tr><td colspan="2">缆沟</td></tr>
<tr><td rowspan="2">7</td><td rowspan="2">电信电缆</td><td colspan="2">直埋</td><td>1.0</td><td colspan="2" rowspan="2">1.0</td><td rowspan="2">1.0</td><td colspan="3">0.5</td><td rowspan="2">1.0</td><td rowspan="2">1.5</td><td colspan="2" rowspan="2">1.0</td><td colspan="2" rowspan="2">0.5</td><td colspan="2" rowspan="2">0.5</td><td>1.0</td><td rowspan="2">1.0</td><td rowspan="2">0.5</td><td colspan="2" rowspan="2">0.6</td><td rowspan="2">1.5</td><td rowspan="2">2.0</td></tr>
<tr><td colspan="2">管道</td><td>1.5</td><td colspan="3">1.0</td><td>1.5</td></tr>
<tr><td>8</td><td colspan="3">乔木（中心）</td><td>3.0</td><td colspan="2" rowspan="2">1.5</td><td rowspan="2">1.5</td><td colspan="5" rowspan="2">1.2</td><td colspan="2" rowspan="2">1.5</td><td colspan="2" rowspan="2">1.0</td><td>1.0</td><td>1.5</td><td colspan="2" rowspan="2"></td><td rowspan="2">1.5</td><td colspan="2" rowspan="2"></td><td rowspan="2">0.5</td><td rowspan="2"></td></tr>
<tr><td>9</td><td colspan="3">灌木</td><td>1.5</td><td colspan="2">1.0</td></tr>
<tr><td rowspan="3">10</td><td rowspan="3">地上杆柱</td><td colspan="2">通信照明及<10kV</td><td rowspan="3">*</td><td colspan="2">0.5</td><td>0.5</td><td colspan="5">1.0</td><td colspan="2">1.0</td><td colspan="2" rowspan="3">0.6</td><td colspan="2">0.5</td><td colspan="2">1.5</td><td colspan="3" rowspan="3"></td><td rowspan="3">0.5</td><td rowspan="3"></td></tr>
<tr><td rowspan="2">高压铁塔基础边</td><td>≤35kV</td><td colspan="2" rowspan="2">3.0</td><td rowspan="2">1.5</td><td colspan="5">1.0</td><td colspan="2">2.0</td><td colspan="2" rowspan="2">0.6</td><td colspan="2" rowspan="2"></td></tr>
<tr><td>>35kV</td><td colspan="5">0.5</td><td colspan="2">3.0</td></tr>
<tr><td>11</td><td colspan="3">道路侧石边缘</td><td></td><td colspan="2">1.5</td><td>1.5</td><td colspan="3">1.5</td><td colspan="2">2.5</td><td colspan="2">1.5</td><td colspan="2">1.5</td><td colspan="2">1.5</td><td colspan="2">0.5</td><td colspan="3">0.5</td><td></td><td></td></tr>
<tr><td>12</td><td colspan="3">铁路钢轨（或坡脚）</td><td>6.0</td><td colspan="8">5.0</td><td colspan="2">1.0</td><td colspan="2">3.0</td><td colspan="2">2.0</td><td colspan="2"></td><td colspan="3"></td><td></td><td></td></tr>
</table>

注：* 见表 3.0.9。

2.2.10　对于埋深大于建（构）筑物基础的工程管线，其与建（构）筑物之间的最小水平距离，应按下式计算，并折算成水平净距后与表 2.2.9 的数值比较，采用其较大值

$$L=\frac{(H-h)}{\operatorname{tg}\partial}+\frac{a}{2}$$

式中　L——管线中心至建（构）筑物基础边水平距离（m）；

H——管线敷设深度（m）；

h——建（构）筑物基础底砌置深度（m）；

a——开挖管沟宽度（m）；

∂——土壤内摩擦角（°）。

2.2.12　工程管线在交叉点的高程应根据排水管线的高程确定。

工程管线交叉时的最小垂直净距，应符合表 2.2.12 的规定。

表 2.2.12　工程管线交叉时的最小垂直净距（m）

序号	净距（m）/ 下面的管线名称 / 上面的管线名称		1	2	3	4	5		6	
			给水管线	污、雨水排水管线	热力管线	燃气管线	电信管线		电力管线	
							直埋	管块	直埋	管沟
1	给水管线		0.15							
2	污、雨水排水管线		0.40	0.15						
3	热力管线		0.15	0.15	0.15					
4	燃气管线		0.15	0.15	0.15	0.15				
5	电信管线	直埋	0.50	0.50	0.15	0.50	0.25	0.25		
		管块	0.15	0.15	0.15	0.15	0.25	0.25		
6	电力管线	直埋	0.15	0.50	0.50	0.50	0.50	0.50	0.50	0.50
		管沟	0.15	0.50	0.50	0.15	0.50	0.50	0.50	0.50
7	沟渠（基础底）		0.50	0.50	0.50	0.50	0.50	0.50	0.50	0.50
8	涵洞（基础底）		0.15	0.15	0.15	0.15	0.20	0.25	0.50	0.50
9	电车（轨底）		1.00	1.00	1.00	1.00	1.00	1.00	1.00	1.00
10	铁路（轨底）		1.00	1.20	1.20	1.20	1.00	1.00	1.00	1.00

注：大于 35kV 直埋电力电缆与热力管线最小垂直净距应为 1.00m。

3.0.6 架空热力管线不应与架空输电线、电气化铁路的馈电线交叉敷设。当必须交叉时，应采取保护措施。

3.0.8 架空管线与建（构）筑物等的最小水平净距应符合表3.0.8的规定。

表3.0.8 架空管线之间及其与建（构）筑物之间的最小水平净距（m）

名称		建筑物（凸出部分）	道路（路缘石）	铁路（轨道中心）	热力管线
电力	10kV边导线	2.0	0.5	杆高加3.0	2.0
	3kV边导线	3.0	0.5	杆高加3.0	4.0
	110kV边导线	4.0	0.5	杆高加3.0	4.0
电信杆线		2.0	0.5	4/3杆高	1.5
热力管线		1.0	1.5	3.0	—

3.0.9 架空管线交叉时的最小垂直净距应符合表3.0.9的规定。

表3.0.9 架空管线之间及其与建（构）筑物之间交叉时的最小垂直净距（m）

名称		建筑物（顶端）	道路（地面）	铁路（轨顶）	电信线		热力管线
					电力线有防雷装置	电力线无防雷装置	
电力管线	10kV及以下	3.0	7.0	7.5	2.0	4.0	2.0
	35～110kV	4.0	7.0	7.5	3.0	5.0	3.0
电信线		1.5	4.5	7.0	0.6	0.6	1.0
热力管线		0.6	4.5	6.0	1.0	1.0	0.25

注：横跨道路或与无轨电车馈电线平行的架空电力线距地面应大于9m。

十二、《城市水系规划规范》GB 50513—2009

4.2.3 水域控制线范围内的水体必须保持其完整性。

4.3.4 水生态保护应维护水生态保护区域的自然特征，不得在水生态保护的核心范围内布置人工设施，不得在非核心范围内布置与水生态保护和合理利用无关的设施。

5.2.2　（确定水体的利用功能应符合下列原则：）

4　水体利用必须优先保证城市生活饮用水水源的需要，并不得影响城市防洪安全；

5　水生态保护范围内的水体，不得安排对水生态保护有不利影响的其他利用功能；

5.3.2　岸线利用应优先保证城市集中供水的取水工程需要，并应按照城市长远发展需要为远景规划的取水设施预留所需岸线。

5.3.4　划定为生态性岸线的区域必须有相应的保护措施，除保障安全或取水需要的设施外，严禁在生态性岸线区域设置与水体保护无关的建设项目。

5.5.1　水系改造应尊重自然、尊重历史，保持现有水系结构的完整性。水系改造不得减少现状水域面积总量和跨排水系统调剂水域面积指标。

6.3.1　取水设施不得设置在防洪的险工险段区域及城市雨水排水口、污水排水口、航运作业区和锚地的影响区域。

6.3.2　污水排水口不得设置在水源地一级保护区内，设置在水源地二级保护区的污水排水口应满足水源地一级保护区水质目标的要求。

6.3.4　航道及港口工程设施布局必须满足防洪安全要求。

十三、《城镇污水处理厂运行、维护及安全技术规程》CJJ 60—2011

2.2.13　各种设备维修前必须断电，并应在开关处悬挂维修和禁止合闸的标志牌，经检查确认无安全隐患后方可操作。

2.2.20　构筑物、建筑物的护栏及扶梯必须牢固可靠，设施护栏不得低于1.2m，在构筑物上必须悬挂警示牌，配备救生圈、安全绳等救生用品，并应定期检查和更换。

2.2.24　污泥消化处理区域及除臭设施防护范围内，严禁明火作业。

2.2.25　对可能含有有毒有害气体或可燃性气体的深井、管道、构筑物等设施、设备进行维护、维修操作前，必须在现场对有毒有害气体进行检测，不得在超标的环境下操作。所有参与操作的人员必须佩戴防护装置，直接操作者必须在可靠的监护下进行，并应符合现行行业标准《城镇排水管道维护安全技术规程》CJJ 6 的有关规定。

3.2.3　当泵房突然断电或设备发生重大事故时，在岗员工应立刻报警，并启动应急预案。

3.5.3　在半地下式或地下式污泥泵房检查维修时，应保证工作间内良好的通风换气，并应符合本规程第 2.2.25 条的有关规定。

3.10.14　对以沼气为动力的鼓风机，应严格按照开停机程序进行，每班应加强巡查，并应检查气压、沼气管道和闸阀，发现漏气应及时处理。

3.12.1　采用二氧化氯消毒时，必须符合下列规定：

1　盐酸的采购和存放应符合国家现行有关标准的规定；

2　固体氯酸钠应单独存放，且与设备间的距离不得小于 5m；库房应通风阴凉；

3　在搬运和配制氯酸钠过程中，严禁用金属器件锤击或摔击，严禁明火；

4　操作人员应戴防护手套和眼镜。

3.12.4　采用液氯消毒时，必须符合下列规定：

1　应每周检查 1 次报警器及漏氯吸收装置与漏氯检测仪表的有效联动功能，并应每周启动 1 次手动装置，确保其处于正常状态；

2　氯库应设置漏氯检测报警装置及防护用具。

3.12.6　采用紫外线消毒时，消毒水渠无水或水量达不到设备运行水位时，严禁开启设备。

3.12.8　采用臭氧消毒时，应定期校准臭氧发生间内的臭氧浓度探测报警装置；当发生臭氧泄漏事故时，应立即打开门窗并启动排风扇。

5.3.3　当维修沼气柜时，必须采取安全措施并制定维修方案。

5.6.1　当流化床式污泥干化机运行时，应连续监测气体回路中的氧含量浓度，严禁在高氧量下连续运行。

6.1.4　当进入臭气收集系统的封闭环境内进行检修维护时，必须具备自然通风或强制通风条件，并必须佩戴防毒面具。

6.2.4　采用活性炭吸附除臭工艺时，必须符合下列规定：

1　更换活性炭时应停机断电，并关闭进气闸阀；

2　必须佩戴防毒面具方可打开卸料口；

3　室内操作必须强制通风。

7.3.6　化验室必须建立危险化学品、剧毒物的申购、储存、领取、使用、销毁等管理制度。

8.1.3　当变、配电室设备在运行中发生跳闸时，在未查明原因之前严禁合闸。

10.0.1　城镇污水处理厂应建立健全事故应急体系，并应制定相应的安全生产、职业卫生、环境保护、自然灾害等应急预案。

十四、《城市污水处理厂工程质量验收规范》GB 50334—2002

3.1.3　材料和设备进场时，应具备订购合同、产品质量合格证书、说明书、性能检测报告、进口产品的商检报告及证件等，不具备以上条件不得验收。

3.1.4　进场的材料和设备应按规定进行复验。复验的材料和设备，其各项指标应符合设计文件要求及本规范的规定。

3.2.3　在开工前必须检验施工单位的施工组织总设计、施工组织设计、施工方案，保证工程质量的具体措施及相应的审批手续。

4.2.3　总平面的测量控制必须进行测角、量距、平差调整。坐标基线和轴线的丈量回数、测距仪测回数、方向角观测回数，应符合表 4.2.3 的规定。

表 4.2.3　丈量、测距、方向角测回数

等级	丈量回数		测距仪测回数		方向角观测回数	
	轴线	基线	轴线	基线	J_1	J_2
Ⅱ	3	4	4	6	12	
Ⅲ	2	3	3	5	9	12
Ⅳ	1	2	2	4		4

4.4.1　设计提供的水准点复测应符合$\pm 12\sqrt{L_i}$mm（L_i——为两点封闭直线，km）的闭合要求，厂内设置的水准点复测应符合$\pm 20\sqrt{L}$mm（L——为环线长度，km）的闭合要求。

4.4.3　高程测量应用四等水准测定，并应符合表 4.4.3 的规定。

表 4.4.3　高程测量等级划分

等级	水准视线长度（m）	测站前后视距离之差不大于（m）	视线距地面高度不小于（m）	望远镜放大率不大于（倍）	水平管分划值不大于
Ⅱ	50	1	0.5	40	12″/2mm
Ⅲ	65	2	0.3	24～30	15″/2mm
Ⅳ	80	4	0.3	20	25″/2mm

5.2.2　基坑开挖断面和基底标高应符合设计要求。

5.4.2　基底应按设计要求进行密实度试验。

6.2.1　混凝土抗压强度、抗渗、抗冻性能必须符合设计要求。

6.3.1　浇筑池壁混凝土之前，混凝土施工缝应凿毛，清洗干净。混凝土衔接应密实，不得渗漏。

7.2.2　污泥处理构筑物的穿墙管件处混凝土应密实、不渗漏。

7.3.3　消化池顶部内衬应做好防腐处理。

9.3.2　沼气、氯气管道必须做强度和严密性试验。

10.5.1　沼气柜（罐）体应按结构、密封形式分部位采用气密性试验。

11.8.4　系统安装完毕后，微孔曝气器管路应吹扫干净，出气孔不应堵塞。

11.9.2 设备刮板与池底间隙应符合设计要求。

十五、《城镇污水处理厂污泥处理技术规程》CJJ 131—2009

3.3.6 污泥处理厂必须按相关标准的规定设置消防、防爆、抗震等设施。

4.1.11 污泥接收区、快速反应区、熟化区、储存区的地面周围及车行道必须进行防渗处理。

6.1.10 热干化系统必须设置烟气净化处理设施，并应达标排放。

6.3.3 当热交换介质为热油时，热油的闪电温度必须大于运行温度。

7.1.6 污泥焚烧必须设置烟气净化处理设施，且烟气处理后的排放值应符合现行国家标准《生活垃圾焚烧污染控制标准》GB 18485 的相关规定。

十六、《污水处理卵形消化池工程技术规程》CJJ 161—2011

3.1.1 污水处理卵形消化池的预应力结构混凝土强度等级不应低于C40。其他非预应力结构构件混凝土强度等级不应低于C30。

3.1.2 污水处理卵形消化池的混凝土应满足抗渗要求。混凝土的抗渗等级应通过试验确定，并应符合表 3.1.2 的规定。

表 3.1.2 污水处理卵形消化池的混凝土抗渗等级要求

最大水头与混凝土厚度的比值（i_w）	抗渗等级（P）
＜10	P4
10～30	P6
＞30	P8

注：抗渗等级 Pi 指龄期为 28d 的混凝土试件，施加 $i_w \times 0.1$MPa 水压后满足不渗水指标。

3.1.5 污水处理卵形消化池混凝土严禁采用含有氯盐配制的早强剂及早强减水剂。

4.1.4 污水处理卵形消化池应根据承载能力极限状态及正常使

用极限状态的要求，分别按下列规定进行计算和验算：

1　根据承载能力极限状态的要求，污水处理卵形消化池结构构件均应进行承载力（包括失稳）计算；必要时尚应进行结构的倾覆验算；当有抗震设防要求时，还应进行结构构件抗震的承载力验算。

2　根据正常使用极限状态的要求，对需要控制变形的结构构件应进行变形验算；对使用上要求不出现裂缝的构件，应进行混凝土拉应力验算；对使用上允许出现裂缝的构件，应进行裂缝宽度验算。

4.3.1　污水处理卵形消化池结构构件按承载能力极限状态进行强度计算时，应符合下式的规定：

$$\gamma_0 S \leqslant R \tag{4.3.1}$$

式中：γ_0——结构重要性系数，宜取 1.0；

S——作用效应基本组合设计值；

R——结构构件抗力设计值，按现行国家标准《混凝土结构设计规范》GB 50010 的规定确定。

4.4.1　卵形消化池按正常使用极限状态设计时，应分别按作用效应的标准组合或准永久组合进行验算。结构的变形、抗裂度和裂缝宽度、应力计算值应满足相应的规定限值。

7.1.3　污水处理卵形消化池施工过程质量控制应符合下列规定：

1　各分项工程施工完成后，应进行检验；

2　相关各分项工程之间，应进行交接检验；

3　隐蔽工程应在隐蔽前进行验收；

4　未经检验或验收不合格不得进行下道分项工程施工。

7.1.5　污水处理卵形消化池所用主要原材料、半成品、构（配）件等产品，进入施工现场时必须进行进场验收。进场验收时，应检查每批产品的质量合格证书、性能检验报告、使用说明书等，并应按国家现行相关标准规定进行复验，验收合格后方可使用。

7.7.23　预应力筋张拉过程中应避免预应力筋断裂或滑脱。当发生断裂或滑脱时，其数量严禁超过结构同一截面预应力筋总根数的3%，且每束预应力筋中不得超过1根，当超过时应采取补救措施。

十七、《污水再生利用工程设计规范》GB 50335—2002

1.0.5　污水再生利用工程应确保水质水量安全可靠。

5.0.6　再生水厂应设置溢流和事故排放管道。当溢流排放排入水体时，应满足相应水体水质排放标准的要求。

5.0.10　再生水厂应按相关标准的规定设置防爆、消防、防噪、抗震等设施。

5.0.12　再生水的输配水系统应建成独立系统。

6.2.3　各构筑物上面的主要临边通道，应设防护栏杆。

7.0.3　再生水管道严禁与饮用水管道连接。再生水管道应有防渗防漏措施，埋地时应设置带状标志，明装时应涂上有关标准规定的标志颜色和“再生水”字样。闸门井井盖应铸上“再生水”字样。再生水管道上严禁安装饮水器和饮水龙头。

7.0.5　不得间断运行的再生水厂，其供电应按一级负荷设计。

7.0.6　再生水厂的主要设施应设故障报警装置。有可能产生水锤危害的泵站，应采取水锤防护措施。

7.0.7　在再生水水源收集系统中的工业废水接入口，应设置水质监测点和控制闸门。

十八、《污水稳定塘设计规范》CJJ/T 54—93

3.3.1　污水稳定塘系统接纳污水水质应符合国家现行标准中三级标准的规定。

3.4.2　采用稳定塘系统作为常规二级处理时，其出水应达到二级污水处理厂的出水标准。

4.1.2　塘址应选在城镇水源下游，与居民住宅的距离应符合卫生防护距离的要求。

4.1.3　选择塘址必须进行工程地质、水文地质等方面的勘察及环境影响评价。

4.1.5　塘址选择必须考虑排洪设施，并应符合该地区防洪标准的规定。

6.7.3　污水养鱼塘中放养的鱼的用途应根据卫生防疫部门的检验结果确定。

十九、《村镇供水工程技术规范》SL 310—2004

3.2.1　集中式供水工程，生活饮用水水质应符合《生活饮用水卫生标准》GB 5749 的要求；受水源、技术、管理等条件限制的Ⅳ型、Ⅴ型供水工程，生活饮用水水质应符合《农村实施〈生活饮用水卫生标准〉准则》的要求。

10.1.3　施工过程中，应作好材料设备、隐蔽工程和分部工程等中间环节的质量验收；隐蔽工程应经过中间验收合格后，方可进行下一道工序施工。

11.1.4　因维修等原因临时停止供水时，应及时通告用户；发生水致传染病等影响群众身体健康的事故时，应及时向主管部门报告，查明原因，妥善处理。

第五章　工业给水排水

一、《石油化工污水处理设计规范》GB 50747—2012

4.1.1　第一类污染物浓度超标的污水应在装置（单元）内进行达标处理。

4.1.3　含有易挥发的有毒、有害物质的污水应进行预处理。

5.8.34　纯氧曝气设施应设置可燃气体在线监测、报警、联锁和事故吹扫风及双向安全阀等设施。

5.15.6　再生水系统应独立设置，严禁与生活饮用水管道连接，并应设置明显的标志。

6.1.3　属于危险废物的污泥与一般污泥应分别收集、输送、储存、处理和处置。

6.6.5　热干化过程产生的尾气、排水应进行达标处理。

二、《钢铁企业给水排水设计规范》GB 50721—2011

5.3.6　卧式水泵与驱动设备连接的联轴器、皮带传动的皮带及皮带轮等，必须设置安全防护罩。

8.4.3　第二级还原出水六价铬不达标时，不得进入下一处理单元；不应将二级还原出水直接排入酸、碱废水系统。

8.8.4　焦化废水生化处理的核心设施，应配置不少于 2 个独立的平行系列。

8.8.6　（焦化废水预处理应符合下列要求：）

2　废水预处理段应设置事故调节设施及均和调节设施。

12.2.6　电气室内的架空管道不得布置在电气设备上方。

三、《电镀废水治理设计规范》GB 50136—2011

3.0.9　含氰废水严禁与酸性废水混合。

10.0.4　废水处理站的安全设计应符合下列规定：

1　含氰废水调节池应加盖、加锁。

2　化学危险品应按现行国家标准《常用化学危险品贮存通则》GB 15603 的有关规定贮存和保管，并应设置警示标志。

3　封闭水池应设置 2 个以上人孔。

4 废水处理的装置、构筑物等应设置操作平台和防护栏杆。

四、《电子工业纯水系统设计规范》GB 50685—2011

6.1.8　在使用腐蚀性和有毒化学药剂的场所，必须设置紧急淋浴洗眼器等安全防护设施，并应符合下列要求：

1　在一般性有毒、有腐蚀性的化学药剂装卸、贮存和使用区域内，紧急淋浴洗眼器应按 20～30m 设置一个。

2　在剧毒、强腐蚀性以及酸、碱化学药剂装卸、贮存和使用区域内，紧急淋浴洗眼器必须设置在事故易发处 3～6m 内，并应避开化学药剂喷射方向布置。

3　紧急淋浴洗眼器应同层设置，不得越层使用。通向紧急淋浴洗眼器的通道应畅通无阻。

6.1.9　站内明沟应设置盖板。

6.1.10　在纯水站房化学药剂贮存和装卸区域，必须采取防止泄漏的化学药剂漫流或进入室外雨水管网、污水管网的措施。

6.3.3　腐蚀性介质、有毒介质管道架空敷设时，应避免法兰、螺纹等易泄漏部位置于人行通道或设备上方。

6.3.4　酸碱液管道严禁敷设在配电盘、控制盘等电气设备上方。

6.4.7　纯水站房内设备吊装平台、高位平台，以及水池、罐顶和坑洞边缘距相邻楼板或地面高度 1.2m 及以上时，其周围的开敞边缘应设置防护栏杆。设备吊装平台、高位平台，以及水池、罐顶和坑洞边缘使用工具或其他物品时，应在其周围的开敞边缘设置带踢脚板的防护栏杆，并应符合下列要求：

1 开敞边缘距相邻楼板或地面的高度小于 2m 时，防护栏杆的高度不应小于 900mm。

2 开敞边缘距相邻楼板或地面的高度大于等于 2m 且不超过 20m 时，防护栏杆的高度不应小于 1050mm。

3 开敞边缘距相邻楼板或地面的高度大于等于 20m 时，防护栏杆的高度不应小于 1200mm。

五、《钢铁企业综合污水处理厂工艺设计规范》GB 50672—2011

5.7.1 污水净化水必须经过消毒后回用。

11.0.2 污水净化水管道严禁与生活饮用水管道做任何方式的连接。污水净化水管道上严禁安装饮水器和饮水龙头。

11.0.7 危险化学品储存及使用区域应设置防护罩、事故池以及安全洗眼淋浴器等防护设施，安全洗眼淋浴器应采用生活饮用水水质。

六、《化学工业污水处理与回用设计规范》GB 50684—2011

5.1.4 格栅置于室内时，应设机械通风和有毒有害气体检测与报警装置。

5.3.9 隔油池应设置消防设施。

5.3.10 隔油池（罐）的机电设备应采取防爆措施，并应设置防静电接地设施。

6.1.6 厌氧反应器、沼气储存和输送系统采用的电机、仪表、照明等电气设备，应采取防爆措施。厌氧处理系统的机泵设备间、阀门控制间，应设置通风设施和沼气泄漏报警装置。

10.1.5 再生水管道严禁与生活饮用水管道连接。再生水管道明装时应有规定的标志颜色，埋地时应有带状标志。

11.4.9 污泥消化泵房、污泥气储罐、污泥气压缩机房、阀门控制间等采用的电机、仪表、照明等电气设备，应采取防爆措施，室内应设置通风设施和污泥气泄漏报警装置。

12.3.7　污水处理构筑物应设置栏杆、防滑梯等安全设施。高架处理构筑物还应设置避雷设施。

七、《化学工业循环冷却水系统设计规范》GB 50648—2011

3.1.9　循环冷却水系统冷却塔下集水池及吸水池不应兼作消防水池。

7.4.2　（加氯间及氯瓶间、二氧化氯设备间及原料储存间等的设计，应符合下列规定：）

1　加氯间必须与其他工作间隔开，并应设置直接通向外部并向外开启的门和固定观察窗；

2　氯瓶间应与加氯间毗邻，并应设置单独外开的大门。大门上应设置向外开启的人行安全门，并应能自行关闭；

4　制备二氧化氯的原材料应分类设置独立储存间，并应与设备间毗邻。

10.1.3　循环冷却水不应用作直流水使用。

10.4.2　加氯间及氯瓶间、二氧化氯设备间及原料储存间、加酸及储存间，应设置氯气、二氧化氯、酸雾泄漏的防护设施，并应通风换气，换气次数应为8～12次/h。

11.2.1　建（构）筑物应设置护栏、防滑走梯、防雷等安全设施。

11.2.3　加药间、药剂储存间、卸酸（碱）泵间应设置通风换气、安全通道、地面冲洗设施、安全洗眼淋浴器等防护设施及操作人员防护用具。

11.2.4　浓硫酸和盐酸储罐及具有腐蚀性、强氧化性液体的储罐应设置安全围堰，围堰的有效容积应容纳最大一个储罐的容量，围堰内应做防腐处理；浓硫酸和盐酸储罐应设置防护型液位计，浓硫酸储罐应设置通气除湿设施，盐酸储罐应设置酸雾吸收设施。

八、《现场设备、工业管道焊接工程施工规范》GB 50236—2011

5.0.1　在掌握材料的焊接性能后，必须在工程焊接前进行焊接工艺评定。

九、《现场设备、工业管道焊接工程施工质量验收规范》GB 50683—2011

3.2.3 （当焊接工程质量不符合本规范规定时，应按下列规定进行处理：）

4 经过返修仍不能满足安全使用要求的工程，严禁验收。

十、《工业金属管道工程施工规范》GB 50235—2010

1.0.5 当需要修改设计文件及材料代用时，必须经原设计单位同意，并应出具书面文件。

8.6.1 管道安装完毕、热处理和无损检测合格后，应进行压力试验。压力试验应符合下列规定：

2 脆性材料严禁使用气体进行压力试验。压力试验温度严禁接近金属材料的脆性转变温度。

8.6.6 泄漏性试验应按设计文件的规定进行，并应符合下列规定：

1 输送极度和高度危害介质以及可燃介质的管道，必须进行泄漏性试验。

十一、《工业循环冷却水处理设计规范》GB 50050—2007

3.1.6 间冷开式系统循环冷却水换热设备的控制条件和指标应符合下列规定：

2 当循环冷却水壳程流速小于 0.3m/s 时，应采取防腐涂层、反向冲洗等措施；

4 设备传热面水侧污垢热阻值应小于 $3.44\times10^{-4}m^2\cdot K/W$；

5 设备传热面水侧粘附速率不应大于 15mg/(cm^2 · 月)，炼油行业不应大于 20mg/(cm^2 · 月)；

6 碳钢设备传热面水侧腐蚀速率应小于 0.075mm/a，铜合金和不锈钢设备传热面水侧腐蚀速率应小于 0.005mm/a。

3.1.7 闭式系统设备传热面水侧污垢热阻值应小于 0.86×10^{-4} $m^2\cdot K/W$，腐蚀速率应符合本规范第 3.1.6 条第 6 款规定。

3.2.7 循环冷却水不应作直流水使用。

6.1.6 再生水输配管网应设计为独立系统，并应设置水质、水量监测设施，严禁与生活用水管道连接。

8.1.7 加药间、药剂贮存间、酸贮罐附近应设置安全洗眼淋浴器等防护设施。

8.2.1 浓硫酸装卸和输送应采取负压抽吸、泵输送或重力自流，不应采用压缩空气压送。

8.2.2 浓硫酸贮罐应设安全围堰或放置于事故池内，围堰或事故池的容积应能容纳最大一个酸贮罐的容积，围堰内应做防腐处理并应设集水坑。酸贮罐应设防护型液位计和通气管，通气管上应设通气除湿设施。

8.5.1 液氯瓶应贮存在氯瓶间内，氯瓶间和加氯间的设计应符合下列规定：

1 必须与其他工作间隔开，氯瓶间与加氯间之间不应设相通的门；

2 应设观察窗和直接通向室外的外开门；

3 氯瓶和加氯机不应靠近采暖设备并应避免日照；

4 应设通风设备和漏氯检测报警装置，通风量按每小时换气次数不少于 8 次计算，通风孔应设在外墙下方；

5 室内电气设备及灯具应采用密闭、防腐类型产品，照明和通风设备的开关应设在室外；

6 氯瓶间和加氯间附近应设置空气呼吸器、抢救器材、工具箱；

7 氯瓶间应设置漏氯处理设施；

8.5.4 当液氯蒸发量不足时，应设置液氯蒸发器，严禁使用蒸汽、明火直接加热氯瓶。

十二、《铁路给水排水设计规范》TB 10010—2008

8.3.6　在配水管网中，独立核算的单位应设置总水表，车间和各用水点应设分水表。

9.0.2　贮水构筑物必须有卫生与安全防护措施。

9.0.8　水塔和清水池的溢水管和泄水管应设置防侧流设施，并严禁直接接入雨水和污水管道系统。水塔和清水池的通气孔、检修孔应有安全卫生防护措施。

10.0.10　排泥水应进行处理，处理后的水质应符合现行国家及地方排放标准的规定。对脱水泥渣应妥善处置，不得污染环境。

10.0.17　生活饮用水必须消毒，消毒方式可采用氯、二氧化氯、臭氧、紫外线及缓释药剂等。

10.0.20　（采用液氯或次氯酸钠消毒应符合下列规定：）

3　氯库不应设置阳光直射氯瓶的窗户。氯库应设置单独外开的门，并不应设置与加氯间相通的门；

4　加氯间应设置直接通向外部并向外开启的门和固定观察窗，并必须与其他工作间隔开。

10.0.21　（采用二氧化氯消毒应符合下列规定：）

2　制备二氧化氯的氯酸钠、亚氯酸钠和盐酸、氯气等严禁相互接触，必须分别贮存在分类的库房内，贮放槽应设置隔离墙。

10.0.23　加氯间及其仓库应设每小时换气8～12次的通风设施，并应配备消毒剂泄漏的检测仪和报警设施。氯库应设置漏氯的处理设施。制备二氧化氯的原材料库房及工作间内应设有快速冲洗设施。

10.0.24　氯及二氧化氯消毒间外部应备有防毒面具、抢救设施和工具箱。照明和通风设备应设置室外开关。

加氯设备与电控设备应隔开设置。

13.0.4　严禁使用渗井、渗坑、裂隙、溶洞排除有毒工业废水及含有病原体的污水。当地层为裂隙性岩层、熔岩、砾石或黏土时不得设置渗井。

十三、《铁路给水排水工程施工质量验收标准》TB 10422—2011

1.0.12　给水排水工程所用的原材料、半成品、成品等产品的品种、规格、性能应符合设计和国家有关产品质量标准的规定。严禁使用国家明令淘汰、禁用的产品。

接触饮用水的构筑物、材料、设备应符合国家生活饮用水卫生标准的规定。

4.1.1　钻井采用的泥浆，宜用黏土粉调制，当使用其他黏土材料时，必须先调制成泥浆再行使用。

4.1.5　管井安装完毕应及时洗井。

7.4.2　吸水管路应有不小于5/1000仰向水泵的坡度，并应严密不漏气。变径管的斜面应向下。吸水管任何部分都不应高于泵的入口。

检验数量：施工单位全部检查，监理单位见证检验。

检验方法：观察检查、检查真空表数据及水准仪测量。

7.6.4　电磁制动应迅速准确。行程限位开关应能使相关电动机切断电源，并使起重机各机构停止移动。

检验数量：施工单位全部检查、监理单位见证检验。

检验方法：测试检查。

8.1.6　管沟开挖至设计高程后应对基底进行保护，并与建设单位提供的设计勘测资料相核对，经验槽合格后应及时进行铺管施工。

15.1.1　水塔塔身采用滑升模板施工时，滑模设备必须符合施工和安全要求。滑模架、输送系统、电器设施、安全保障系统及附属设备安装完毕后，必须进行调试和试运转，并应符合国家现行相关技术安全标准的有关规定。

15.1.9　垂直运输设备和机具必须经试运转检查合格。

16.1.2　（水柜、水池混凝土除应符合设计规定的强度等级和抗渗、抗冻性能要求外，尚应符合下列规定：）

4　混凝土中外加剂应符合现行国家标准的规定，六价铬盐、亚硝酸盐、氨盐及其他对人体有害的外加剂严禁用于生活饮用水贮水结构。

16.1.5　水池底板位于地下水位以下时，施工前应验算施工阶段的抗浮性。当不能满足要求时，必须采取抗浮措施。

16.1.7　与饮用水接触的防水层，所用材料应符合国家饮用水卫生标准的有关规定。

20.1.5　压力容器安装单位应具备相应的资质。

第六章　消　　防

第一节　防 火 设 计

一、《建筑设计防火规范》GB 50016—2006

3.1.2　同一座厂房或厂房的任一防火分区内有不同火灾危险性生产时，该厂房或防火分区内的生产火灾危险性分类应按火灾危险性较大的部分确定。当符合下述条件之一时，可按火灾危险性较小的部分确定：

1　火灾危险性较大的生产部分占本层或本防火分区面积的比例小于5％或丁、戊类厂房内的油漆工段小于10％，且发生火灾事故时不足以蔓延到其他部位或火灾危险性较大的生产部分采取了有效的防火措施；

2　丁、戊类厂房内的油漆工段，当采用封闭喷漆工艺，封闭喷漆空间内保持负压、油漆工段设置可燃气体自动报警系统或自动抑爆系统，且油漆工段占其所在防火分区面积的比例小于等于20％。

3.2.1　厂房（仓库）的耐火等级可分为一、二、三、四级。其构件的燃烧性能和耐火极限除本规范另有规定者外，不应低于表3.2.1的规定。

表3.2.1　厂房（仓库）建筑构件的燃烧性能和耐火极限（h）

构件名称		耐火等级			
		一级	二级	三级	四级
墙	防火墙	不燃烧体 3.00	不燃烧体 3.00	不燃烧体 3.00	不燃烧体 3.00
	承重墙	不燃烧体 3.00	不燃烧体 2.50	不燃烧体 2.00	难燃烧体 0.50

续表 3.2.1

构件名称		耐火等级			
		一级	二级	三级	四级
墙	楼梯间和电梯井的墙	不燃烧体 2.00	不燃烧体 2.00	不燃烧体 1.50	难燃烧体 0.50
	疏散走道两侧的隔墙	不燃烧体 1.00	不燃烧体 1.00	不燃烧体 0.50	难燃烧体 0.25
	非承重外墙	不燃烧体 0.75	不燃烧体 0.50	难燃烧体 0.50	难燃烧体 0.25
	房间隔墙	不燃烧体 0.75	不燃烧体 0.50	难燃烧体 0.50	难燃烧体 0.25
柱		不燃烧体 3.00	不燃烧体 2.50	不燃烧体 2.00	难燃烧体 0.50
梁		不燃烧体 2.00	不燃烧体 1.50	不燃烧体 1.00	难燃烧体 0.50
楼板		不燃烧体 1.50	不燃烧体 1.00	不燃烧体 0.75	难燃烧体 0.50
屋顶承重构件		不燃烧体 1.50	不燃烧体 1.00	难燃烧体 0.50	燃烧体
疏散楼梯		不燃烧体 1.50	不燃烧体 1.00	不燃烧体 0.75	燃烧体
吊顶（包括吊顶搁栅）		不燃烧体 0.25	难燃烧体 0.25	难燃烧体 0.15	燃烧体

注：二级耐火等级建筑的吊顶采用不燃烧体时，其耐火极限不限。

3.2.2 下列建筑中的防火墙，其耐火极限应按本规范表 3.2.1 的规定提高 1.00h：

1 甲、乙类厂房；

2 甲、乙、丙类仓库。

3.2.7 二级耐火等级的多层厂房或多层仓库中的楼板，当采用预应力和预制钢筋混凝土楼板时，其耐火极限不应低于0.75h。

3.2.8 一、二级耐火等级厂房（仓库）的上人平屋顶，其屋面板的耐火极限分别不应低于1.50h和1.00h。

一级耐火等级的单层、多层厂房（仓库）中采用自动喷水灭火系统进行全保护时，其屋顶承重构件的耐火极限不应低于1.00h。

二级耐火等级厂房的屋顶承重构件可采用无保护层的金属构件，其中能受到甲、乙、丙类液体火焰影响的部位应采取防火隔热保护措施。

3.3.1 厂房的耐火等级、层数和每个防火分区的最大允许建筑面积除本规范另有规定者外，应符合表3.3.1的规定。

表3.3.1 厂房的耐火等级、层数和防火分区的最大允许建筑面积

生产类别	厂房的耐火等级	最多允许层数	每个防火分区的最大允许建筑面积（m^2）			
			单层厂房	多层厂房	高层厂房	地下、半地下厂房，厂房的地下室、半地下室
甲	一级 二级	除生产必须采用多层者外，宜采用单层	4000 3000	3000 2000	— —	— —
乙	一级 二级	不限 6	5000 4000	4000 3000	2000 1500	— —
丙	一级 二级 三级	不限 不限 2	不限 8000 3000	6000 4000 2000	3000 2000 —	500 500 —
丁	一、二级 三级 四级	不限 3 1	不限 4000 1000	不限 2000 —	4000 — —	1000 — —

续表 3.3.1

生产类别	厂房的耐火等级	最多允许层数	每个防火分区的最大允许建筑面积（m^2）			
			单层厂房	多层厂房	高层厂房	地下、半地下厂房，厂房的地下室、半地下室
戊	一、二级	不限	不限	不限	6000	1000
	三级	3	5000	3000	—	—
	四级	1	1500	—	—	—

注：1　防火分区之间应采用防火墙分隔。除甲类厂房外的一、二级耐火等级单层厂房，当其防火分区的建筑面积大于本表规定，且设置防火墙确有困难时，可采用防火卷帘或防火分隔水幕分隔。采用防火卷帘时应符合本规范第 7.5.3 条的规定；采用防火分隔水幕时，应符合现行国家标准《自动喷水灭火系统设计规范》GB 50084 的有关规定。

2　除麻纺厂房外，一级耐火等级的多层纺织厂房和二级耐火等级的单层、多层纺织厂房，其每个防火分区的最大允许建筑面积可按本表的规定增加 0.5 倍，但厂房内的原棉开包、清花车间均应采用防火墙分隔。

3　一、二级耐火等级的单层、多层造纸生产联合厂房，其每个防火分区的最大允许建筑面积可按本表的规定增加 1.5 倍。一、二级耐火等级的湿式造纸联合厂房，当纸机烘缸罩内设置自动灭火系统，完成工段设置有效灭火设施保护时，其每个防火分区的最大允许建筑面积可按工艺要求确定。

4　一、二级耐火等级的谷物筒仓工作塔，当每层工作人数不超过 2 人时，其层数不限。

5　一、二级耐火等级卷烟生产联合厂房内的原料、备料及成组配方、制丝、储丝和卷接包、辅料周转、成品暂存、二氧化碳膨胀烟丝等生产用房应划分独立的防火分隔单元，当工艺条件许可时，应采用防火墙进行分隔。其中制丝、储丝和卷接包车间可划分为一个防火分区，且每个防火分区的最大允许建筑面积可按工艺要求确定。但制丝、储丝及卷接包车间之间应采用耐火极限不低于 2.00h 的墙体和 1.00h 的楼板进行分隔。厂房内各水平和竖向分隔间的开口应采取防止火灾蔓延的措施。

6　本表中“—”表示不允许。

3.3.2　仓库的耐火等级、层数和面积除本规范另有规定者外，应符合表 3.3.2 的规定。

表 3.3.2 仓库的耐火等级、层数和面积

储存物品类别		仓库的耐火等级	最多允许层数	每座仓库的最大允许占地面积和每个防火分区的最大允许建筑面积（m^2）						
				单层仓库		多层仓库		高层仓库		地下、半地下仓库或仓库的地下室、半地下室
				每座仓库	防火分区	每座仓库	防火分区	每座仓库	防火分区	防火分区
甲	3、4项	一级	1	180	60	—	—	—	—	—
甲	1、2、5、6项	一、二级	1	750	250	—	—	—	—	—
乙	1、3、4项	一、二级	3	2000	500	900	300	—	—	—
乙	1、3、4项	三级	1	500	250	—	—	—	—	—
乙	2、5、6项	一、二级	5	2800	700	1500	500	—	—	—
乙	2、5、6项	三级	1	900	300	—	—	—	—	—
丙	1项	一、二级	5	4000	1000	2800	700	—	—	150
丙	1项	三级	1	1200	400	—	—	—	—	—
丙	2项	一、二级	不限	6000	1500	4800	1200	4000	1000	300
丙	2项	三级	3	2100	700	1200	400	—	—	—
丁		一、二级	不限	不限	3000	不限	1500	4800	1200	500
丁		三级	3	3000	1000	1500	500	—	—	—
丁		四级	1	2100	700	—	—	—	—	—
戊		一、二级	不限	不限	不限	不限	2000	6000	1500	1000
戊		三级	3	3000	1000	2100	700	—	—	—
戊		四级	1	2100	700	—	—	—	—	—

注：1 仓库中的防火分区之间必须采用防火墙分隔。

2 石油库内桶装油品仓库应按现行国家标准《石油库设计规范》GB 50074 的有关规定执行。

3 一、二级耐火等级的煤均化库，每个防火分区的最大允许建筑面积不应大于 12000m^2。

4 独立建造的硝酸铵仓库、电石仓库、聚乙烯等高分子制品仓库、尿素仓库、配煤仓库、造纸厂的独立成品仓库以及车站、码头、机场内的中转仓库，当建筑的耐火等级不低于二级时，每座仓库的最大允许占地面积和每个防火分区的最大允许建筑面积可按本表的规定增加 1.0 倍。

5 一、二级耐火等级粮食平房仓的最大允许占地面积不应大于 12000m^2，每个防火分区的最大允许建筑面积不应大于 3000m^2；三级耐火等级粮食平房仓的最大允许占地面积不应大于 3000m^2，每个防火分区的最大允许建筑面积不应大于 1000m^2。

6 一、二级耐火等级冷库的最大允许占地面积和防火分区的最大允许建筑面积，应按现行国家标准《冷库设计规范》GB 50072 的有关规定执行。

7 酒精度为 50%（V/V）以上的白酒仓库不宜超过 3 层。

8 本表中“—”表示不允许。

3.3.7　甲、乙类生产场所不应设置在地下或半地下。甲、乙类仓库不应设置在地下或半地下。

3.3.8　厂房内严禁设置员工宿舍。

办公室、休息室等不应设置在甲、乙类厂房内，当必须与本厂房贴邻建造时，其耐火等级不应低于二级，并应采用耐火极限不低于 3.00h 的不燃烧体防爆墙隔开和设置独立的安全出口。

在丙类厂房内设置的办公室、休息室，应采用耐火极限不低于 2.50h 的不燃烧体隔墙和不低于 1.00h 的楼板与厂房隔开，并应至少设置 1 个独立的安全出口。如隔墙上需开设相互连通的门时，应采用乙级防火门。

3.3.10　厂房内设置丙类仓库时，必须采用防火墙和耐火极限不低于 1.50h 的楼板与厂房隔开，设置丁、戊类仓库时，必须采用耐火极限不低于 2.50h 的不燃烧体隔墙和不低于 1.00h 的楼板与厂房隔开。仓库的耐火等级和面积应符合本规范第 3.3.2 条和第 3.3.3 条的规定。

3.3.11　厂房中的丙类液体中间储罐应设置在单独房间内，其容积不应大于 $1m^3$。设置该中间储罐的房间，其围护构件的耐火极限不应低于二级耐火等级建筑的相应要求，房间的门应采用甲级防火门。

3.3.13　油浸变压器室、高压配电装置室的耐火等级不应低于二级，其他防火设计应按现行国家标准《火力发电厂与变电所设计防火规范》GB 50229 等规范的有关规定执行。

3.3.14　变、配电所不应设置在甲、乙类厂房内或贴邻建造，且不应设置在爆炸性气体、粉尘环境的危险区域内。供甲、乙类厂房专用的 10kV 及以下的变、配电所，当采用无门窗洞口的防火墙隔开时，可一面贴邻建造，并应符合现行国家标准《爆炸和火灾危险环境电力装置设计规范》GB 50058 等规范的有关规定。

乙类厂房的配电所必须在防火墙上开窗时，应设置密封固定的甲级防火窗。

3.3.15　仓库内严禁设置员工宿舍。

甲、乙类仓库内严禁设置办公室、休息室等，并不应贴邻建造。

在丙、丁类仓库内设置的办公室、休息室，应采用耐火极限不低于2.50h的不燃烧体隔墙和不低于1.00h的楼板与库房隔开，并应设置独立的安全出口。如隔墙上需开设相互连通的门时，应采用乙级防火门。

3.3.16 高架仓库的耐火等级不应低于二级。

3.3.18 甲、乙类厂房（仓库）内不应设置铁路线。

丙、丁、戊类厂房（仓库），当需要出入蒸汽机车和内燃机车时，其屋顶应采用不燃烧体或采取其他防火保护措施。

3.4.1 除本规范另有规定者外，厂房之间及其与乙、丙、丁、戊类仓库、民用建筑等之间的防火间距不应小于表3.4.1的规定。

表3.4.1 厂房之间及其与乙、丙、丁、戊类仓库、民用建筑等之间的防火间距（m）

<table>
<tr><th colspan="3" rowspan="3">名称</th><th rowspan="3">甲类厂房</th><th rowspan="3">单层、多层乙类厂房（仓库）</th><th colspan="3">单层、多层丙、丁、戊类厂房（仓库）</th><th rowspan="3">高层厂房（仓库）</th><th colspan="3">民用建筑</th></tr>
<tr><th colspan="3">耐火等级</th><th colspan="3">耐火等级</th></tr>
<tr><th>一、二级</th><th>三级</th><th>四级</th><th>一、二级</th><th>三级</th><th>四级</th></tr>
<tr><td colspan="3">甲类厂房</td><td>12</td><td>12</td><td>12</td><td>14</td><td>18</td><td>13</td><td colspan="3">25</td></tr>
<tr><td colspan="3">单层、多层乙类厂房</td><td>12</td><td>10</td><td>10</td><td>12</td><td>14</td><td>13</td><td colspan="3">25</td></tr>
<tr><td rowspan="3">单层、多层丙、丁类厂房</td><td rowspan="6">耐火等级</td><td>一、二级</td><td>12</td><td>10</td><td>10</td><td>12</td><td>14</td><td>13</td><td>10</td><td>12</td><td>14</td></tr>
<tr><td>三级</td><td>14</td><td>12</td><td>12</td><td>14</td><td>16</td><td>15</td><td>12</td><td>14</td><td>16</td></tr>
<tr><td>四级</td><td>16</td><td>14</td><td>14</td><td>16</td><td>18</td><td>17</td><td>14</td><td>16</td><td>18</td></tr>
<tr><td rowspan="3">单层、多层戊类厂房</td><td>一、二级</td><td>12</td><td>10</td><td>10</td><td>12</td><td>14</td><td>13</td><td>6</td><td>7</td><td>9</td></tr>
<tr><td>三级</td><td>14</td><td>12</td><td>12</td><td>14</td><td>16</td><td>15</td><td>7</td><td>8</td><td>10</td></tr>
<tr><td>四级</td><td>16</td><td>14</td><td>14</td><td>16</td><td>18</td><td>17</td><td>9</td><td>10</td><td>12</td></tr>
<tr><td colspan="3">高层厂房</td><td>13</td><td>13</td><td>13</td><td>15</td><td>17</td><td>13</td><td>13</td><td>15</td><td>17</td></tr>
</table>

续表 3.4.1

<table>
<tr><th colspan="2" rowspan="3">名　称</th><th rowspan="3">甲类厂房</th><th rowspan="3">单层、多层乙类厂房（仓库）</th><th colspan="3">单层、多层丙、丁、戊类厂房（仓库）</th><th rowspan="3">高层厂房（仓库）</th><th colspan="3">民用建筑</th></tr>
<tr><th colspan="3">耐火等级</th><th colspan="3">耐火等级</th></tr>
<tr><th>一、二级</th><th>三级</th><th>四级</th><th>一、二级</th><th>三级</th><th>四级</th></tr>
<tr><td rowspan="3">室外变、配电站变压器总油量（t）</td><td>≥5，≤10</td><td rowspan="3">25</td><td rowspan="3">25</td><td>12</td><td>15</td><td>20</td><td>12</td><td>15</td><td>20</td><td>25</td></tr>
<tr><td>>10，≤50</td><td>15</td><td>20</td><td>25</td><td>15</td><td>20</td><td>25</td><td>30</td></tr>
<tr><td>>50</td><td>20</td><td>25</td><td>30</td><td>20</td><td>25</td><td>30</td><td>35</td></tr>
</table>

注：1　建筑之间的防火间距应按相邻建筑外墙的最近距离计算，如外墙有凸出的燃烧构件，应从其凸出部分外缘算起。

2　乙类厂房与重要公共建筑之间的防火间距不宜小于 50m。单层、多层戊类厂房之间及其与戊类仓库之间的防火间距，可按本表的规定减少 2m。为丙、丁、戊类厂房服务而单独设立的生活用房应按民用建筑确定，与所属厂房之间的防火间距不应小于 6m。必须相邻建造时，应符合本表注 3、4 的规定。

3　两座厂房相邻较高一面的外墙为防火墙时，其防火间距不限，但甲类厂房之间不应小于 4m。两座丙、丁、戊类厂房相邻两面的外墙均为不燃烧体，当无外露的燃烧体屋檐，每面外墙上的门窗洞口面积之和各小于等于该外墙面积的 5%，且门窗洞口不正对开设时，其防火间距可按本表的规定减少 25%。

4　两座一、二级耐火等级的厂房，当相邻较低一面外墙为防火墙且较低一座厂房的屋顶耐火极限不低于 1.00h，或相邻较高一面外墙的门窗等开口部位设置甲级防火门窗或防火分隔水幕或按本规范第 7.5.3 条的规定设置防火卷帘时，甲、乙类厂房之间的防火间距不应小于 6m；丙、丁、戊类厂房之间的防火间距不应小于 4m。

5　变压器与建筑之间的防火间距应从距建筑最近的变压器外壁算起。发电厂内的主变压器，其油量可按单台确定。

6　耐火等级低于四级的原有厂房，其耐火等级应按四级确定。

3.4.2 甲类厂房与重要公共建筑之间的防火间距不应小于50m，与明火或散发火花地点之间的防火间距不应小于30m，与架空电力线的最小水平距离应符合本规范第11.2.1条的规定，与甲、乙、丙类液体储罐，可燃、助燃气体储罐，液化石油气储罐，可燃材料堆场的防火间距，应符合本规范第4章的有关规定。

3.4.3 散发可燃气体、可燃蒸汽的甲类厂房与铁路、道路等的防火间距不应小于表3.4.3的规定，但甲类厂房所属厂内铁路装卸线当有安全措施时，其间距可不受表3.4.3规定的限制。

表3.4.3 甲类厂房与铁路、道路等的防火间距（m）

名 称	厂外铁路线中心线	厂内铁路线中心线	厂外道路路边	厂内道路路边	
				主要	次要
甲类厂房	30	20	15	10	5

注：厂房与道路路边的防火间距按建筑距道路最近一侧路边的最小距离计算。

3.4.4 高层厂房与甲、乙、丙类液体储罐，可燃、助燃气体储罐，液化石油气储罐，可燃材料堆场（煤和焦炭场除外）的防火间距，应符合本规范第4章的有关规定，且不应小于13m。

3.4.9 一级汽车加油站、一级汽车液化石油气加气站和一级汽车加油加气合建站不应建在城市建成区内。

3.4.11 电力系统电压为35～500kV且每台变压器容量在10MV·A以上的室外变、配电站以及工业企业的变压器总油量大于5t的室外降压变电站，与建筑之间的防火间距不应小于本规范第3.4.1条和第3.5.1条的规定。

3.5.1 甲类仓库之间及其与其他建筑、明火或散发火花地点、铁路、道路等的防火间距不应小于表3.5.1的规定，与架空电力线的最小水平距离应符合本规范第11.2.1条的规定。厂内铁路装卸线与设置装卸站台的甲类仓库的防火间距，可不受表3.5.1规定的限制。

表 3.5.1　甲类仓库之间及其与其他建筑、明火或散发火花地点、铁路等的防火间距（m）

<table>
<tr><th colspan="2" rowspan="3">名　　称</th><th colspan="4">甲类仓库及其储量（t）</th></tr>
<tr><th colspan="2">甲类储存物品
第 3、4 项</th><th colspan="2">甲类储存物品
第 1、2、5、6 项</th></tr>
<tr><th>≤5</th><th>>5</th><th>≤10</th><th>>10</th></tr>
<tr><td colspan="2">重要公共建筑</td><td colspan="4">50</td></tr>
<tr><td colspan="2">甲类仓库</td><td colspan="4">20</td></tr>
<tr><td colspan="2">民用建筑、明火或散发火花地点</td><td>30</td><td>40</td><td>25</td><td>30</td></tr>
<tr><td rowspan="3">其他建筑</td><td>一、二级耐火等级</td><td>15</td><td>20</td><td>12</td><td>15</td></tr>
<tr><td>三级耐火等级</td><td>20</td><td>25</td><td>15</td><td>20</td></tr>
<tr><td>四级耐火等级</td><td>25</td><td>30</td><td>20</td><td>25</td></tr>
<tr><td colspan="2">电力系统电压为 35～500kV
且每台变压器容量在 10MV·A
以上的室外变、配电站
工业企业的变压器总油量
大于 5t 的室外降压变电站</td><td>30</td><td>40</td><td>25</td><td>30</td></tr>
<tr><td colspan="2">厂外铁路线中心线</td><td colspan="4">40</td></tr>
<tr><td colspan="2">厂内铁路线中心线</td><td colspan="4">30</td></tr>
<tr><td colspan="2">厂外道路路边</td><td colspan="4">20</td></tr>
<tr><td rowspan="2">厂内道路
路边</td><td>主要</td><td colspan="4">10</td></tr>
<tr><td>次要</td><td colspan="4">5</td></tr>
</table>

注：甲类仓库之间的防火间距，当第 3、4 项物品储量小于等于 2t，第 1、2、5、6 项物品储量小于等于 5t 时，不应小于 12m，甲类仓库与高层仓库之间的防火间距不应小于 13m。

3.5.2　除本规范另有规定者外，乙、丙、丁、戊类仓库之间及其与民用建筑之间的防火间距，不应小于表 3.5.2 的规定。

表3.5.2 乙、丙、丁、戊类仓库之间及其与民用建筑之间的防火间距（m）

<table>
<tr><th colspan="2" rowspan="2">建筑类型</th><th colspan="6">单层、多层乙、丙、丁、戊类仓库</th><th rowspan="2">高层仓库</th><th rowspan="2">甲类厂房</th></tr>
<tr><th colspan="3">单层、多层乙、丙、丁类仓库</th><th colspan="3">单层、多层戊类仓库</th></tr>
<tr><td rowspan="4">单层、多层乙、丙、丁、戊类仓库</td><td>耐火等级</td><td>一、二级</td><td>三级</td><td>四级</td><td>一、二级</td><td>三级</td><td>四级</td><td>一、二级</td><td>一、二级</td></tr>
<tr><td>一、二级</td><td>10</td><td>12</td><td>14</td><td>10</td><td>12</td><td>14</td><td>13</td><td>12</td></tr>
<tr><td>三级</td><td>12</td><td>14</td><td>16</td><td>12</td><td>14</td><td>16</td><td>15</td><td>14</td></tr>
<tr><td>四级</td><td>14</td><td>16</td><td>18</td><td>14</td><td>16</td><td>18</td><td>17</td><td>16</td></tr>
<tr><td>高层仓库</td><td>一、二级</td><td>13</td><td>15</td><td>17</td><td>13</td><td>15</td><td>17</td><td>13</td><td>13</td></tr>
<tr><td rowspan="3">民用建筑</td><td>一、二级</td><td>10</td><td>12</td><td>14</td><td>6</td><td>7</td><td>9</td><td>13</td><td rowspan="3">25</td></tr>
<tr><td>三级</td><td>12</td><td>14</td><td>16</td><td>7</td><td>8</td><td>10</td><td>15</td></tr>
<tr><td>四级</td><td>14</td><td>16</td><td>18</td><td>9</td><td>10</td><td>12</td><td>17</td></tr>
</table>

注：1 单层、多层戊类仓库之间的防火间距，可按本表减少2m。

2 两座仓库相邻较高一面外墙为防火墙，且总占地面积小于等于本规范第3.3.2条1座仓库的最大允许占地面积规定时，其防火间距不限。

3 除乙类第6项物品外的乙类仓库，与民用建筑之间的防火间距不宜小于25m，与重要公共建筑之间的防火间距不宜小于30m，与铁路、道路等的防火间距不宜小于表3.5.1中甲类仓库与铁路、道路等的防火间距。

3.6.2 有爆炸危险的甲、乙类厂房应设置泄压设施。

3.6.6 散发较空气重的可燃气体、可燃蒸汽的甲类厂房以及有粉尘、纤维爆炸危险的乙类厂房，应采用不发火花的地面。采用绝缘材料作整体面层时，应采取防静电措施。

散发可燃粉尘、纤维的厂房内表面应平整、光滑，并易于清扫。

厂房内不宜设置地沟，必须设置时，其盖板应严密，地沟应采取防止可燃气体、可燃蒸汽及粉尘、纤维在地沟积聚的有效措施，且与相邻厂房连通处应采用防火材料密封。

3.6.8 有爆炸危险的甲、乙类厂房的总控制室应独立设置。

3.6.10 使用和生产甲、乙、丙类液体厂房的管、沟不应和相邻厂房的管、沟相通，该厂房的下水道应设置隔油设施。

3.6.11 甲、乙、丙类液体仓库应设置防止液体流散的设施。遇湿会发生燃烧爆炸的物品仓库应设置防止水浸渍的措施。

3.7.1 厂房的安全出口应分散布置。每个防火分区、一个防火分区的每个楼层，其相邻 2 个安全出口最近边缘之间的水平距离不应小于 5m。

3.7.2 厂房的每个防火分区、一个防火分区内的每个楼层，其安全出口的数量应经计算确定，且不应少于 2 个；当符合下列条件时，可设置 1 个安全出口：

1 甲类厂房，每层建筑面积小于等于 100m^2，且同一时间的生产人数不超过 5 人；

2 乙类厂房，每层建筑面积小于等于 150m^2，且同一时间的生产人数不超过 10 人；

3 丙类厂房，每层建筑面积小于等于 250m^2，且同一时间的生产人数不超过 20 人；

4 丁、戊类厂房，每层建筑面积小于等于 400m^2，且同一时间的生产人数不超过 30 人；

5 地下、半地下厂房或厂房的地下室、半地下室，其建筑面积小于等于 50m^2，经常停留人数不超过 15 人。

3.7.3 地下、半地下厂房或厂房的地下室、半地下室，当有多个防火分区相邻布置，并采用防火墙分隔时，每个防火分区可利用防火墙上通向相邻防火分区的甲级防火门作为第二安全出口，但每个防火分区必须至少有 1 个直通室外的安全出口。

3.7.4 厂房内任一点到最近安全出口的距离不应大于表 3.7.4 的规定。

表 3.7.4 厂房内任一点到最近安全出口的距离（m）

生产类别	耐火等级	单层厂房	多层厂房	高层厂房	地下、半地下厂房或厂房的地下室、半地下室
甲	一、二级	30	25	—	—
乙	一、二级	75	50	30	—
丙	一、二级 三级	80 60	60 40	40 —	30 —
丁	一、二级 三级 四级	不限 60 50	不限 50 —	50 — —	45 — —
戊	一、二级 三级 四级	不限 100 60	不限 75 —	75 — —	60 — —

3.7.5 厂房内的疏散楼梯、走道、门的各自总净宽度应根据疏散人数，按表 3.7.5 的规定经计算确定。但疏散楼梯的最小净宽度不宜小于 1.1m，疏散走道的最小净宽度不宜小于 1.4m，门的最小净宽度不宜小于 0.9m。当每层人数不相等时，疏散楼梯的总净宽度应分层计算，下层楼梯总净宽度应按该层或该层以上人数最多的一层计算。

首层外门的总净宽度应按该层或该层以上人数最多的一层计算，且该门的最小净宽度不应小于 1.2m。

表 3.7.5 厂房疏散楼梯、走道和门的净宽度指标（m/百人）

厂房层数	一、二层	三层	≥四层
宽度指标	0.6	0.8	1.0

3.7.6　高层厂房和甲、乙、丙类多层厂房应设置封闭楼梯间或室外楼梯。建筑高度大于 32m 且任一层人数超过 10 人的高层厂房，应设置防烟楼梯间或室外楼梯。

室外楼梯、封闭楼梯间、防烟楼梯间的设计，应符合本规范第 7.4 节的有关规定。

3.8.1　仓库的安全出口应分散布置。每个防火分区、一个防火分区的每个楼层，其相邻 2 个安全出口最近边缘之间的水平距离不应小于 5m。

3.8.2　每座仓库的安全出口不应少于 2 个，当一座仓库的占地面积小于等于 300m^2时，可设置 1 个安全出口。仓库内每个防火分区通向疏散走道、楼梯或室外的出口不宜少于 2 个，当防火分区的建筑面积小于等于 100m^2时，可设置 1 个。通向疏散走道或楼梯的门应为乙级防火门。

3.8.3　地下、半地下仓库或仓库的地下室、半地下室的安全出口不应少于 2 个；当建筑面积小于等于 100m^2时，可设置 1 个安全出口。

地下、半地下仓库或仓库的地下室、半地下室当有多个防火分区相邻布置，并采用防火墙分隔时，每个防火分区可利用防火墙上通向相邻防火分区的甲级防火门作为第二安全出口，但每个防火分区必须至少有 1 个直通室外的安全出口。

3.8.7　高层仓库应设置封闭楼梯间。

4.1.2　桶装、瓶装甲类液体不应露天存放。

4.1.3　液化石油气储罐组或储罐区四周应设置高度不小于 1.0m 的不燃烧体实体防护墙。

4.1.4　甲、乙、丙类液体储罐区，液化石油气储罐区，可燃、助燃气体储罐区，可燃材料堆场，应与装卸区、辅助生产区及办公区分开布置。

4.2.1　甲、乙、丙类液体储罐（区）及乙、丙类液体桶装堆场与建筑物的防火间距，不应小于表 4.2.1 的规定。

表 4.2.1　甲、乙、丙类液体储罐（区）及乙、丙类液体桶装堆场与建筑物的防火间距（m）

项　目			建筑物的耐火等级			室外变、配电站
			一、二级	三级	四级	
甲、乙类液体	一个罐区或堆场的总储量 V（m^3）	1≤V<50	12	15	20	30
		50≤V<200	15	20	25	35
		200≤V<1000	20	25	30	40
		1000<V<5000	25	30	40	50
丙类液体		5≤V<250	12	15	20	24
		250≤V<1000	15	20	25	28
		1000≤V<5000	20	25	30	32
		5000≤V<25000	25	30	40	40

注：1　当甲、乙类液体和丙类液体储罐布置在同一储罐区时，其总储量可按 1m^3 甲、乙类液体相当于 5m^3 丙类液体折算。

2　防火间距应从距建筑物最近的储罐外壁、堆垛外缘算起，但储罐防火堤外侧基脚线至建筑物的距离不应小于 10m。

3　甲、乙、丙类液体的固定顶储罐区或半露天堆场和乙、丙类液体桶装堆场与甲类厂房（仓库）、民用建筑的防火间距，应按本表的规定增加 25%，且甲、乙类液体的固定顶储罐区或半露天堆场及乙、丙类液体桶装堆场与甲类厂房（仓库）、民用建筑的防火间距不应小于 25m，与明火或散发火花地点的防火间距，应按本表四级耐火等级建筑的规定增加 25%。

4　浮顶储罐区或闪点大于 120℃的液体储罐区与建筑物的防火间距，可按本表的规定减少 25%。

5　当数个储罐区布置在同一库区内时，储罐区之间的防火间距不应小于本表相应储量的储罐区与四级耐火等级建筑之间防火间距的较大值。

6　直埋地下的甲、乙、丙类液体卧式罐，当单罐容积小于等于 50m^2，总容积小于等于 200m^3时，与建筑物之间的防火间距可按本表规定减少 50%。

7　室外变、配电站指电力系统电压为 35～500kV 且每台变压器容量在 10MV·A 以上的室外变、配电站以及工业企业的变压器总油量大于 5t 的室外降压变电站。

4.2.2　甲、乙、丙类液体储罐之间的防火间距不应小于表 4.2.2 的规定。

表 4.2.2　甲、乙、丙类液体储罐之间的防火间距（m）

<table>
<tr><td colspan="3" rowspan="3">类　　别</td><td colspan="5">储　罐　形　式</td></tr>
<tr><td colspan="3">固定顶罐</td><td rowspan="2">浮顶储罐</td><td rowspan="2">卧式储罐</td></tr>
<tr><td>地上式</td><td>半地下式</td><td>地下式</td></tr>
<tr><td rowspan="2">甲、乙类液体</td><td rowspan="3">单罐容量 V (m^3)</td><td>$V\leqslant 1000$</td><td>$0.75D$</td><td rowspan="2">$0.5D$</td><td rowspan="2">$0.4D$</td><td rowspan="2">$0.4D$</td><td rowspan="3">不小于 0.8m</td></tr>
<tr><td>$V>1000$</td><td>$0.6D$</td></tr>
<tr><td>丙类液体</td><td>不论容量大小</td><td>$0.4D$</td><td>不限</td><td>不限</td><td>—</td></tr>
</table>

注：1　D 为相邻较大立式储罐的直径（m）；矩形储罐的直径为长边与短边之和的一半。

2　不同液体、不同形式储罐之间的防火间距不应小于本表规定的较大值。

3　两排卧式储罐之间的防火间距不应小于 3m。

4　设置充氮保护设备的液体储罐之间的防火间距可按浮顶储罐的间距确定。

5　当单罐容量小于等于 1000m³ 且采用固定冷却消防方式时，甲、乙类液体的地上式固定顶罐之间的防火间距不应小于 $0.6D$。

6　同时设有液下喷射泡沫灭火设备、固定冷却水设备和扑救防火堤内液体火灾的泡沫灭火设备时，储罐之间的防火间距可适当减小，但地上式储罐不宜小于 $0.4D$。

7　闪点大于 120℃的液体，当储罐容量大于 1000m³ 时，其储罐之间的防火间距不应小于 5m；当储罐容量小于等于 1000m³ 时，其储罐之间的防火间距不应小于 2m。

4.2.3　甲、乙、丙类液体储罐成组布置时，应符合下列规定：

1　组内储罐的单罐储量和总储量不应大于表 4.2.3 的规定；

2　组内储罐的布置不应超过两排。甲、乙类液体立式储罐之间的防火间距不应小于 2m，卧式储罐之间的防火间距不应小于 0.8m；丙类液体储罐之间的防火间距不限；

3　储罐组之间的防火间距应根据组内储罐的形式和总储量折算为相同类别的标准单罐，并应按本规范第 4.2.2 条的规定确定。

表 4.2.3　甲、乙、丙类液体储罐分组布置的限量

名　称	单罐最大储量（m³）	一组罐最大储量（m³）
甲、乙类液体	200	1000
丙类液体	500	3000

4.2.5 甲、乙、丙类液体的地上式、半地下式储罐或储罐组，其四周应设置不燃烧体防火堤。防火堤的设置应符合下列规定：

1 防火堤内的储罐布置不宜超过 2 排，单罐容量小于等于 $1000m^3$ 且闪点大于 120℃的液体储罐不宜超过 4 排；

2 防火堤的有效容量不应小于其中最大储罐的容量。对于浮顶罐，防火堤的有效容量可为其中最大储罐容量的一半；

3 防火堤内侧基脚线至立式储罐外壁的水平距离不应小于罐壁高度的一半。防火堤内侧基脚线至卧式储罐的水平距离不应小于 3m；

4 防火堤的设计高度应比计算高度高出 0.2m，且其高度应为 1.0～2.2m，并应在防火堤的适当位置设置灭火时便于消防队员进出防火堤的踏步；

5 沸溢性液体地上式、半地下式储罐，每个储罐应设置一个防火堤或防火隔堤；

6 含抽污水排水管应在防火堤的出口处设置水封设施，雨水排水管应设置阀门等封闭、隔离装置。

4.3.1 可燃气体储罐与建筑物、储罐、堆场的防火间距应符合下列规定：

1 湿式可燃气体储罐与建筑物、储罐、堆场的防火间距不应小于表 4.3.1 的规定；

2 干式可燃气体储罐与建筑物、储罐、堆场的防火间距：当可燃气体的密度比空气大时，应按表 4.3.1 的规定增加 25；当可燃气体的密度比空气小时，可按表 4.3.1 的规定确定；

3 湿式或干式可燃气体储罐的水封井、油泵房和电梯间等附属设施与该储罐的防火间距，可按工艺要求布置；

4 容积小于等于 $20m^3$ 的可燃气体储罐与其使用厂房的防火间距不限；

5 固定容积的可燃气体储罐与建筑物、储罐、堆场的防火间距不应小于表 4.3.1 的规定。

表 4.3.1　湿式可燃气体储罐与建筑物、储罐、堆场的防火间距（m）

<table>
<tr><th colspan="3" rowspan="2">名　　称</th><th colspan="4">湿式可燃气体储罐的总容积 V（m^3）</th></tr>
<tr><th>$V<1000$</th><th>$1000\leqslant V<10000$</th><th>$10000\leqslant V<50000$</th><th>$50000\leqslant V<100000$</th></tr>
<tr><td colspan="3">甲类物品仓库
明火或散发火花的地点
甲、乙、丙类液体储罐
可燃材料堆场
室外变、配电站</td><td>20</td><td>25</td><td>30</td><td>35</td></tr>
<tr><td colspan="3">民用建筑</td><td>18</td><td>20</td><td>25</td><td>30</td></tr>
<tr><td rowspan="3">其他建筑</td><td rowspan="3">耐火等级</td><td>一、二级</td><td>12</td><td>15</td><td>20</td><td>25</td></tr>
<tr><td>三级</td><td>15</td><td>20</td><td>25</td><td>30</td></tr>
<tr><td>四级</td><td>20</td><td>25</td><td>30</td><td>35</td></tr>
</table>

注：固定容积可燃气体储罐的总容积按储罐几何容积（m^3）和设计储存压力（绝对压力，105Pa）的乘积计算。

4.3.2　可燃气体储罐或罐区之间的防火间距应符合下列规定：

1　湿式可燃气体储罐之间、干式可燃气体储罐之间以及湿式与干式可燃气体储罐之间的防火间距，不应小于相邻较大罐直径的 1/2；

2　固定容积的可燃气体储罐之间的防火间距不应小于相邻较大罐直径的 2/3；

3　固定容积的可燃气体储罐与湿式或干式可燃气体储罐之间的防火间距，不应小于相邻较大罐直径的 1/2；

4　数个固定容积的可燃气体储罐的总容积大于 200000m^3 时，应分组布置。卧式储罐组与组之间的防火间距不应小于相邻较大罐长度的一半；球形储罐组与组之间的防火间距不应小于相邻较大罐直径，且不应小于 20m。

4.3.3　氧气储罐与建筑物、储罐、堆场的防火间距应符合下列规定：

1 湿式氧气储罐与建筑物、储罐、堆场的防火间距不应小于表4.3.3的规定；

2 氧气储罐之间的防火间距不应小于相邻较大罐直径的1/2；

3 氧气储罐与可燃气体储罐之间的防火间距，不应小于相邻较大罐的直径；

4 氧气储罐与其制氧厂房的防火间距可按工艺布置要求确定；

5 容积小于等于50m³的氧气储罐与其使用厂房的防火间距不限；

6 固定容积的氧气储罐与建筑物、储罐、堆场的防火间距不应小于表4.3.3的规定。

表4.3.3 湿式氧气储罐与建筑物、储罐、堆场的防火间距（m）

<table>
<tr><th colspan="3" rowspan="2">名 称</th><th colspan="3">湿式氧气储罐的总容积 V（m³）</th></tr>
<tr><th>$V \leqslant 1000$</th><th>$1000 < V \leqslant 50000$</th><th>$V > 50000$</th></tr>
<tr><td colspan="3">甲、乙、丙类液体储罐
可燃材料堆场
甲类物品仓库
室外变、配电站</td><td>20</td><td>25</td><td>30</td></tr>
<tr><td colspan="3">民用建筑</td><td>18</td><td>20</td><td>25</td></tr>
<tr><td rowspan="3">其他建筑</td><td rowspan="3">耐火等级</td><td>一、二级</td><td>10</td><td>12</td><td>14</td></tr>
<tr><td>三级</td><td>12</td><td>14</td><td>16</td></tr>
<tr><td>四级</td><td>14</td><td>16</td><td>18</td></tr>
</table>

注：固定容积氧气储罐的总容积按储罐几何容积（m³）和设计储存压力（绝对压力，105Pa）的乘积计算。

4.3.5 液氧储罐周围5.0m范围内不应有可燃物和设置沥青路面。

4.3.6 可燃、助燃气体储罐与铁路、道路的防火间距不应小于

表 4.3.6 的规定。

表 4.3.6　可燃、助燃气体储罐与铁路、道路的防火间距（m）

名　称	厂外铁路线中心线	厂内铁路线中心线	厂外道路路边	厂内道路路边	
				主要	次要
可燃、助燃气体储罐	25	20	15	10	5

4.4.1　液化石油气供应基地的全压式和半冷冻式储罐或罐区与明火、散发火花地点和基地外建筑物之间的防火间距，不应小于表 4.4.1 的规定。

表 4.4.1　液化石油气供应基地的全压式和半冷冻式储罐（区）与明火、散发火花地点和基地外建构筑物之间的防火间距（m）

总容积 V（m^3）	$30<V\leqslant 50$	$50<V\leqslant 200$	$200<V\leqslant 500$	$500<V\leqslant 1000$	$1000<V\leqslant 2500$	$2500<V\leqslant 5000$	$V>5000$
单罐容量 V（m^3）	$V\leqslant 20$	$V\leqslant 50$	$V\leqslant 100$	$V\leqslant 200$	$V\leqslant 400$	$V\leqslant 1000$	$V>1000$
居住区、村镇和学校、影剧院、体育馆等重要公共建筑（最外侧建筑物外墙）	45	50	70	90	110	130	150
工业企业（最外侧建筑物外墙）	27	30	35	40	50	60	75
明火或散发火花地点，室外变、配电站	45	50	55	60	70	80	120
民用建筑，甲、乙类液体储罐，甲、乙类仓库（厂房）稻草、麦秸、芦苇、打包废纸等材料堆场	40	45	50	55	65	75	100

续表 4.4.1

<table>
<tr><td colspan="3">丙类液体储罐、可燃气体储罐，丙、丁类厂房（仓库）</td><td>32</td><td>35</td><td>40</td><td>45</td><td>55</td><td>65</td><td>80</td></tr>
<tr><td colspan="3">助燃气体储罐、木材等材料堆场</td><td>27</td><td>30</td><td>35</td><td>40</td><td>50</td><td>60</td><td>75</td></tr>
<tr><td rowspan="3">其他建筑</td><td rowspan="3">耐火等级</td><td>一、二级</td><td>18</td><td>20</td><td>22</td><td>25</td><td>30</td><td>40</td><td>50</td></tr>
<tr><td>三级</td><td>22</td><td>25</td><td>27</td><td>30</td><td>40</td><td>50</td><td>60</td></tr>
<tr><td>四级</td><td>27</td><td>30</td><td>35</td><td>40</td><td>50</td><td>60</td><td>75</td></tr>
<tr><td rowspan="2">公路（路边）</td><td colspan="2">高速、Ⅰ、Ⅱ级</td><td>20</td><td colspan="5">25</td><td>30</td></tr>
<tr><td colspan="2">Ⅲ、Ⅳ级</td><td>15</td><td colspan="5">20</td><td>25</td></tr>
<tr><td colspan="3">架空电力线（中心线）</td><td colspan="7">应符合本规范第 11.2.1 条的规定</td></tr>
<tr><td rowspan="2">架空通信线（中心线）</td><td colspan="2">Ⅰ、Ⅱ级</td><td colspan="2">30</td><td colspan="5">40</td></tr>
<tr><td colspan="2">Ⅲ、Ⅳ级</td><td colspan="7">1.5 倍杆高</td></tr>
<tr><td rowspan="2">铁路（中心线）</td><td colspan="2">国家线</td><td>60</td><td colspan="2">70</td><td colspan="2">80</td><td colspan="2">100</td></tr>
<tr><td colspan="2">企业专用线</td><td>25</td><td colspan="2">30</td><td colspan="2">35</td><td colspan="2">40</td></tr>
</table>

注：1　防火间距应按本表储罐总容积或单罐容积较大者确定，并应从距建筑最近的储罐外壁、堆垛外缘算起。

2　当地下液化石油气储罐的单罐容积小于等于 $50m^3$，总容积小于等于 $400m^3$ 时，其防火间距可按本表减少 50%。

3　居住区、村镇系指 1000 人或 300 户以上者，以下者按本表民用建筑执行。

4　与本表规定以外的其他建筑物的防火间距，应按现行国家标准《城镇燃气设计规范》GB 50028 的有关规定执行。

4.4.2　液化石油气储罐之间的防火间距不应小于相邻较大罐的直径。

数个储罐的总容积大于 $3000m^3$ 时，应分组布置，组内储罐宜采用单排布置。组与组相邻储罐之间的防火间距，不应小于 20m。

4.4.3　液化石油气储罐与所属泵房的距离不应小于 15m。当泵房面向储罐一侧的外墙采用无门窗洞口的防火墙时，其防火间距可减少至 6m。液化石油气泵露天设置在储罐区内时，泵与储罐之间的距离不限。

4.4.4　全冷冻式液化石油气储罐与周围建筑物之间的防火间距，应按现行国家标准《城镇燃气设计规范》GB 50028 的有关规定执行。

4.4.5　液化石油气气化站、混气站的储罐与周围建筑物之间的防火间距，应按现行国家标准《城镇燃气设计规范》GB 50028 的有关规定执行。

工业企业内总容积小于等于 $10m^3$ 的液化石油气气化站、混气站的储罐，当设置在专用的独立建筑内时，其外墙与相邻厂房及其附属设备之间的防火间距可按甲类厂房有关防火间距的规定执行。当露天设置时，与建筑物、储罐、堆场的防火间距应按现行国家标准《城镇燃气设计规范》GB 50028 的有关规定执行。

4.4.6　Ⅰ、Ⅱ级瓶装液化石油气供应站瓶库与站外建筑之间的防火间距不应小于表 4.4.6 的规定。

表 4.4.6　Ⅰ、Ⅱ级瓶装液化石油气供应站瓶库与站外建筑之间的防火间距（m）

名　　称	Ⅰ级		Ⅱ级	
瓶库的总存瓶容积 V（m^3）	$6<V\leqslant10$	$10<V\leqslant20$	$1<V\leqslant3$	$3<V\leqslant6$
明火、散发火花地点	30	35	20	25
重要公共建筑	20	25	12	15
民用建筑	10	15	6	8
主要道路路边	10	10	8	8
次要道路路边	5	5	5	5

注：1　总存瓶容积应按实瓶个数与单瓶几何容积的乘积计算。

2　瓶装液化石油气供应站的分级及总存瓶容积小于等于 $1m^3$ 的瓶装供应站瓶库的设置应符合现行国家标准《城镇燃气设计规范》GB 50028 的有关规定。

5.1.1 民用建筑的耐火等级应分为一、二、三、四级。除本规范另有规定者外，不同耐火等级建筑物相应构件的燃烧性能和耐火极限不应低于表5.1.1的规定。

表5.1.1 建筑物构件的燃烧性能和耐火极限（h）

构件名称		耐火等级			
		一级	二级	三级	四级
墙	防火墙	不燃烧体 3.00	不燃烧体 3.00	不燃烧体 3.00	不燃烧体 3.00
	承重墙	不燃烧体 3.00	不燃烧体 2.50	不燃烧体 2.00	难燃烧体 0.50
	非承重外墙	不燃烧体 1.00	不燃烧体 1.00	不燃烧体 0.50	燃烧体
	楼梯间的墙 电梯井的墙 住宅单元之间的墙 住宅分户墙	不燃烧体 2.00	不燃烧体 2.00	不燃烧体 1.50	难燃烧体 0.50
	疏散走道两侧的隔墙	不燃烧体 1.00	不燃烧体 1.00	不燃烧体 0.50	难燃烧体 0.25
	房间隔墙	不燃烧体 0.75	不燃烧体 0.50	难燃烧体 0.50	难燃烧体 0.25
柱		不燃烧体 3.00	不燃烧体 2.50	不燃烧体 2.00	难燃烧体 0.50
梁		不燃烧体 2.00	不燃烧体 1.50	不燃烧体 1.00	难燃烧体 0.50
楼板		不燃烧体 1.50	不燃烧体 1.00	不燃烧体 0.50	燃烧体
屋顶承重构件		不燃烧体 1.50	不燃烧体 1.00	燃烧体	燃烧体
疏散楼梯		不燃烧体 1.50	不燃烧体 1.00	不燃烧体 0.50	燃烧体
吊顶（包括吊顶搁栅）		不燃烧体 0.25	难燃烧体 0.25	难燃烧体 0.15	燃烧体

注：1 除本规范另有规定者外，以木柱承重且以不燃烧材料作为墙体的建筑物，其耐火等级应按四级确定。

2 二级耐火等级建筑的吊顶采用不燃烧体时，其耐火极限不限。

3 在二级耐火等级的建筑中，面积不超过100m²的房间隔墙，如执行本表的规定确有困难时，可采用耐火极限不低于0.30h的不燃烧体。

4 一、二级耐火等级建筑疏散走道两侧的隔墙，按本表规定执行确有困难时，可采用耐火极限不低于0.75h的不燃烧体。

5 住宅建筑构件的耐火极限和燃烧性能可按现行国家标准《住宅建筑规范》GB 50368的规定执行。

5.1.2　二级耐火等级的建筑，当房间隔墙采用难燃烧体时，其耐火极限应提高 0.25h。

5.1.3　一、二级耐火等级建筑的上人平屋顶，其屋面板的耐火极限分别不应低于 1.50h 和 1.00h。

5.1.6　三级耐火等级的下列建筑或部位的吊顶，应采用不燃烧体或耐火极限不低于 0.25h 的难燃烧体：

1　医院、疗养院、中小学校、老年人建筑及托儿所、幼儿园的儿童用房和儿童游乐厅等儿童活动场所；

2　3 层及 3 层以上建筑中的门厅、走道。

5.1.7　民用建筑的耐火等级、最多允许层数和防火分区最大允许建筑面积应符合表 5.1.7 的规定。

表 5.1.7　民用建筑的耐火等级、最多允许层数和防火分区最大允许建筑面积

耐火等级	最多允许层数	防火分区的最大允许建筑面积（m^2）	备　注
一、二级	按本规范第 1.0.2 条规定	2500	1. 体育馆、剧院的观众厅，展览建筑的展厅，其防火分区最大允许建筑面积可适当放宽； 2. 托儿所、幼儿园的儿童用房和儿童游乐厅等儿童活动场所不应超过 3 层或设置在四层及四层以上楼层或地下、半地下建筑（室）内
三级	5 层	1200	1. 托儿所、幼儿园的儿童用房和儿童游乐厅等儿童活动场所、老年人建筑和医院、疗养院的住院部分不应超过 2 层或设置在三层及三层以上楼层或地下、半地下建筑（室）内； 2. 商店、学校、电影院、剧院、礼堂、食堂、菜市场不应超过 2 层或设置在三层及三层以上楼层

续表 5.1.7

耐火等级	最多允许层数	防火分区的最大允许建筑面积（m^2）	备　　注
四级	2层	600	学校、食堂、菜市场、托儿所、幼儿园、老年人建筑、医院等不应设置在二层
地下、半地下建筑（室）		500	—

注：建筑内设置自动灭火系统时，该防火分区的最大允许建筑面积可按本表的规定增加1.0倍。局部设置时，增加面积可按该局部面积的1.0倍计算。

5.1.8　地下、半地下建筑（室）的耐火等级应为一级；重要公共建筑的耐火等级不应低于二级。

5.1.9　当多层建筑物内设置自动扶梯、敞开楼梯等上下层相连通的开口时，其防火分区面积应按上下层相连通的面积叠加计算；当其建筑面积之和大于本规范第5.1.7条的规定时，应划分防火分区。

5.1.10　建筑物内设置中庭时，其防火分区面积应按上下层相连通的面积叠加计算；当超过一个防火分区最大允许建筑面积时，应符合下列规定：

1　房间与中庭相通的开口部位应设置能自行关闭的甲级防火门窗；

2　与中庭相通的过厅、通道等处应设置甲级防火门或防火卷帘；防火门或防火卷帘应能在火灾时自动关闭或降落。防火卷帘的设置应符合本规范第7.5.3条的规定；

3　中庭应按本规范第9章的规定设置排烟设施。

5.1.11　防火分区之间应采用防火墙分隔。当采用防火墙确有困难时，可采用防火卷帘等防火分隔设施分隔。采用防火卷帘时应符合本规范第7.5.3条的规定。

5.1.12　地上商店营业厅、展览建筑的展览厅符合下列条件时，其每个防火分区的最大允许建筑面积不应大于 10000m^2：

1　设置在一、二级耐火等级的单层建筑内或多层建筑的首层；

2　按本规范第 8、9、11 章的规定设置有自动喷水灭火系统、排烟设施和火灾自动报警系统；

3　内部装修设计符合现行国家标准《建筑内部装修设计防火规范》GB 50222 的有关规定。

5.1.13　地下商店应符合下列规定：

1　营业厅不应设置在地下三层及三层以下；

2　不应经营和储存火灾危险性为甲、乙类储存物品属性的商品；

3　当设有火灾自动报警系统和自动灭火系统，且建筑内部装修符合现行国家标准《建筑内部装修设计防火规范》GB 50222 的有关规定时，其营业厅每个防火分区的最大允许建筑面积可增加到 2000m^2；

4　应设置防烟与排烟设施；

5　当地下商店总建筑面积大于 20000m^{2}时，应采用不开设门窗洞口的防火墙分隔。相邻区域确需局部连通时，应选择采取下列措施进行防火分隔：

1）下沉式广场等室外开敞空间。该室外开敞空间的设置应能防止相邻区域的火灾蔓延和便于安全疏散；

2）防火隔间。该防火隔间的墙应为实体防火墙，在隔间的相邻区域分别设置火灾时能自行关闭的常开式甲级防火门；

3）避难走道。该避难走道除应符合现行国家标准《人民防空工程设计防火规范》GB 50098 的有关规定外，其两侧的墙应为实体防火墙，且在局部连通处的墙上应分别设置火灾时能自行关闭的常开式甲级防火门；

4）防烟楼梯间。该防烟楼梯间及前室的门应为火灾时能自行关闭的常开式甲级防火门。

5.1.15　当歌舞厅、录像厅、夜总会、放映厅、卡拉 OK 厅（含具有卡拉OK功能的餐厅)、游艺厅（含电子游艺厅)、桑拿浴室(不包括洗浴部分)、网吧等歌舞娱乐放映游艺场所必须布置在袋形走道的两侧或尽端时，最远房间的疏散门至最近安全出口的距离不应大于9m。当必须布置在建筑物内首层、二层或三层以外的其他楼层时，尚应符合下列规定：

1　不应布置在地下二层及二层以下。当布置在地下一层时，地下一层地面与室外出入口地坪的高差不应大于10m；

2　一个厅、室的建筑面积不应大于200m²，并应采用耐火极限不低于2.00h的不燃烧体隔墙和不低于1.00h的不燃烧体楼板与其他部位隔开，厅、室的疏散门应设置乙级防火门；

3　应按本规范第9章设置防烟与排烟设施。

5.2.1　民用建筑之间的防火间距不应小于表5.2.1的规定，与其他建筑物之间的防火间距应按本规范第3章和第4章的有关规定执行。

表5.2.1　民用建筑之间的防火间距（m）

耐火等级	一、二级	三级	四级
一、二级	6	7	9
三级	7	8	10
四级	9	10	12

注：1　两座建筑物相邻较高一面外墙为防火墙或高出相邻较低一座一、二级耐火等级建筑物的屋面15m范围内的外墙为防火墙且不开设门窗洞口时，其防火间距可不限。

2　相邻的两座建筑物，当较低一座的耐火等级不低于二级、屋顶不设置天窗、屋顶承重构件及屋面板的耐火极限不低于1.00h，且相邻的较低一面外墙为防火墙时，其防火间距不应小于3.5m。

3　相邻的两座建筑物，当较低一座的耐火等级不低于二级，相邻较高一面外墙的开口部位设置甲级防火门窗，或设置符合现行国家标准《自动喷水灭火系统设计规范》GB 50084规定的防火分隔水幕或本规范第7.5.3条规定的防火卷帘时，其防火间距不应小于3.5m。

4　相邻两座建筑物，当相邻外墙为不燃烧体且无外露的燃烧体屋檐，每面外墙上未设置防火保护措施的门窗洞口不正对开设，且面积之和小于等于该外墙面积的5%时，其防火间距可按本表规定减少25%。

5　耐火等级低于四级的原有建筑物，其耐火等级可按四级确定；以木柱承重且以不燃烧材料作为墙体的建筑，其耐火等级应按四级确定。

6　防火间距应按相邻建筑物外墙的最近距离计算，当外墙有凸出的燃烧构件时，应从其凸出部分外缘算起。

5.3.1　民用建筑的安全出口应分散布置。每个防火分区、一个防火分区的每个楼层，其相邻 2 个安全出口最近边缘之间的水平距离不应小于 5m。

5.3.2　公共建筑内的每个防火分区、一个防火分区内的每个楼层，其安全出口的数量应经计算确定，且不应少于 2 个。当符合下列条件之一时，可设一个安全出口或疏散楼梯：

1　除托儿所、幼儿园外，建筑面积小于等于 $200m^2$ 且人数不超过 50 人的单层公共建筑；

2　除医院、疗养院、老年人建筑及托儿所、幼儿园的儿童用房和儿童游乐厅等儿童活动场所等外，符合表 5.3.2 规定的 2、3 层公共建筑。

表 5.3.2　公共建筑可设置 1 个疏散楼梯的条件

耐火等级	最多层数	每层最大建筑面积（m^2）	人　数
一、二级	3 层	500	第二层和第三层的人数之和不超过 100 人
三级	3 层	200	第二层和第三层的人数之和不超过 50 人
四级	2 层	200	第二层人数不超过 30 人

5.3.3　老年人建筑及托儿所、幼儿园的儿童用房和儿童游乐厅等儿童活动场所宜设置在独立的建筑内。当必须设置在其他民用建筑内时，宜设置独立的安全出口，并应符合本规范第 5.1.7 条的规定。

5.3.4　一、二级耐火等级的公共建筑，当设置不少于 2 部疏散楼梯且顶层局部升高部位的层数不超过 2 层、人数之和不超过 50 人、每层建筑面积小于等于 $200m^2$ 时，该局部高出部位可设置 1 部与下部主体建筑楼梯间直接连通的疏散楼梯，但至少应另外设置 1 个直通主体建筑上人平屋面的安全出口，该上人屋面应符合人员安全疏散要求。

5.3.5　下列公共建筑的疏散楼梯应采用室内封闭楼梯间（包括

首层扩大封闭楼梯间）或室外疏散楼梯：

1 医院、疗养院的病房楼；

2 旅馆；

3 超过2层的商店等人员密集的公共建筑；

4 设置有歌舞娱乐放映游艺场所且建筑层数超过2层的建筑；

5 超过5层的其他公共建筑。

5.3.6 自动扶梯和电梯不应作为安全疏散设施。

5.3.8 公共建筑和通廊式非住宅类居住建筑中各房间疏散门的数量应经计算确定，且不应少于2个，该房间相邻2个疏散门最近边缘之间的水平距离不应小于5m。当符合下列条件之一时，可设置1个：

1 房间位于2个安全出口之间，且建筑面积小于等于120m²，疏散门的净宽度不小于0.9m；

2 除托儿所、幼儿园、老年人建筑外，房间位于走道尽端，且由房间内任一点到疏散门的直线距离小于等于15m、其疏散门的净宽度不小于1.4m；

3 歌舞娱乐放映游艺场所内建筑面积小于等于50m²的房间。

5.3.9 剧院、电影院和礼堂的观众厅，其疏散门的数量应经计算确定，且不应少于2个。每个疏散门的平均疏散人数不应超过250人；当容纳人数超过2000人时，其超过2000人的部分，每个疏散门的平均疏散人数不应超过400人。

5.3.11 居住建筑单元任一层建筑面积大于650m²，或任一住户的户门至安全出口的距离大于15m时，该建筑单元每层安全出口不应少于2个。当通廊式非住宅类居住建筑超过表5.3.11规定时，安全出口不应少于2个。居住建筑的楼梯间设置形式应符合下列规定：

1 通廊式居住建筑当建筑层数超过2层时应设封闭楼梯间；当户门采用乙级防火门时，可不设置封闭楼梯间；

2　其他形式的居住建筑当建筑层数超过 6 层或任一层建筑面积大于 500m² 时，应设置封闭楼梯间；当户门或通向疏散走道、楼梯间的门、窗为乙级防火门、窗时，可不设置封闭楼梯间。

居住建筑的楼梯间宜通至屋顶，通向平屋面的门或窗应向外开启。

当住宅中的电梯井与疏散楼梯相邻布置时，应设置封闭楼梯间，当户门采用乙级防火门时，可不设置封闭楼梯间。当电梯直通住宅楼层下部的汽车库时，应设置电梯候梯厅并采用防火分隔措施。

表 5.3.11　通廊式非住宅类居住建筑可设置 1 个疏散楼梯的条件

耐火等级	最多层数	每层最大建筑面积（m²）	人　　数
一、二级	3 层	500	第二层和第三层的人数之和不超过 100 人
三级	3 层	200	第二层和第三层的人数之和不超过 50 人
四级	2 层	200	第二层人数不超过 30 人

5.3.12　地下、半地下建筑（室）安全出口和房间疏散门的设置应符合下列规定：

1　每个防火分区的安全出口数量应经计算确定，且不应少于 2 个。当平面上有 2 个或 2 个以上防火分区相邻布置时，每个防火分区可利用防火墙上 1 个通向相邻分区的防火门作为第二安全出口，但必须有 1 个直通室外的安全出口；

2　使用人数不超过 30 人且建筑面积小于等于 500m² 的地下、半地下建筑（室），其直通室外的金属竖向梯可作为第二安全出口；

3　房间建筑面积小于等于 50m²，且经常停留人数不超过 15 人时，可设置 1 个疏散门；

4　歌舞娱乐放映游艺场所的安全出口不应少于 2 个，其中每个厅室或房间的疏散门不应少于 2 个。当其建筑面积小于等于 $50m^2$ 且经常停留人数不超过 15 人时，可设置 1 个疏散门；

5 地下商店和设置歌舞娱乐放映游艺场所的地下建筑（室），当地下层数为 3 层及 3 层以上或地下室内地面与室外出入口地坪高差大于 10m 时，应设置防烟楼梯间；其他地下商店和设置歌舞娱乐放映游艺场所的地下建筑，应设置封闭楼梯间；

6 地下、半地下建筑的疏散楼梯间应符合本规范第 7.4.4 条的规定。

5.3.13 民用建筑的安全疏散距离应符合下列规定：

1 直接通向疏散走道的房间疏散门至最近安全出口的距离应符合表 5.3.13 的规定；

2 直接通向疏散走道的房间疏散门至最近非封闭楼梯间的距离，当房间位于两个楼梯间之间时，应按表 5.3.13 的规定减少 5m；当房间位于袋形走道两侧或尽端时，应按表 5.3.13 的规定减少 2m；

3 楼梯间的首层应设置直通室外的安全出口或在首层采用扩大封闭楼梯间。当层数不超过 4 层时，可将直通室外的安全出口设置在离楼梯间小于等于 15m 处；

4 房间内任一点到该房间直接通向疏散走道的疏散门的距离，不应大于表 5.3.13 中规定的袋形走道两侧或尽端的疏散门至安全出口的最大距离。

表 5.3.13 直接通向疏散走道的房间疏散门至最近安全出口的最大距离（m）

名 称	位于两个安全出口之间的疏散门			位于袋形走道两侧或尽端的疏散门		
	耐火等级			耐火等级		
	一、二级	三级	四级	一、二级	三级	四级
托儿所、幼儿园	25	20	—	20	15	—
医院、疗养院	35	30	—	20	15	—
学校	35	30	—	22	20	—

续表 5.3.13

名　称	位于两个安全出口之间的疏散门			位于袋形走道两侧或尽端的疏散门		
	耐火等级			耐火等级		
	一、二级	三级	四级	一、二级	三级	四级
其他民用建筑	40	35	25	22	20	15

注：1　一、二级耐火等级的建筑物内的观众厅、展览厅、多功能厅、餐厅、营业厅和阅览室等，其室内任何一点至最近安全出口的直线距离不宜大于 30m。

2　敞开式外廊建筑的房间疏散门至安全出口的最大距离可按本表增加 5m。

3　建筑物内全部设置自动喷水灭火系统时，其安全疏散距离可按本表和本表注 1 的规定增加 25%。

4　房间内任一点到该房间直接通向疏散走道的疏散门的距离计算：住宅应为最远房间内任一点到户门的距离，跃层式住宅内的户内楼梯的距离可按其梯段总长度的水平投影尺寸计算。

5.3.14　除本规范另有规定者外，建筑中的疏散走道、安全出口、疏散楼梯以及房间疏散门的各自总宽度应经计算确定。

安全出口、房间疏散门的净宽度不应小于 0.9m，疏散走道和疏散楼梯的净宽度不应小于 1.1m；不超过 6 层的单元式住宅，当疏散楼梯的一边设置栏杆时，最小净宽度不宜小于 1m。

5.3.16　剧院、电影院、礼堂、体育馆等人员密集场所的疏散走道、疏散楼梯、疏散门、安全出口的各自总宽度，应根据其通过人数和疏散净宽度指标计算确定，并应符合下列规定：

1　观众厅内疏散走道的净宽度应按每 100 人不小于 0.6m 的净宽度计算，且不应小于 1m；边走道的净宽度不宜小于 0.8m。

在布置疏散走道时，横走道之间的座位排数不宜超过 20 排；纵走道之间的座位数：剧院、电影院、礼堂等，每排不宜超过 22 个；体育馆，每排不宜超过 26 个；前后排座椅的排距不小于 0.9m 时，可增加 1 倍，但不得超过 50 个；仅一侧有纵走道时，座位数应减少一半；

2　剧院、电影院、礼堂等场所供观众疏散的所有内门、外门、楼梯和走道的各自总宽度，应按表 5.3.16-1 的规定计算确定；

3　体育馆供观众疏散的所有内门、外门、楼梯和走道的各自总宽度，应按表 5.3.16-2 的规定计算确定；

4　有等场需要的入场门不应作为观众厅的疏散门。

表 5.3.16-1　剧院、电影院、礼堂等场所每 100 人所需最小疏散净宽度（m）

观众厅座位数（座）			≤2500	≤1200
耐火等级			一、二级	三级
疏散部位	门和走道	平坡地面	0.65	0.85
		阶梯地面	0.75	1.00
	楼梯		0.75	1.00

表 5.3.16-2　体育馆每 100 人所需最小疏散净宽度（m）

观众厅座位数档次（座）			3000～5000	5001～10000	10001～20000
疏散部位	门和走道	平坡地面	0.43	0.37	0.32
		阶梯地面	0.50	0.43	0.37
	楼梯		0.50	0.43	0.37

注：表 5.3.16-2 中较大座位数档次按规定计算的疏散总宽度，不应小于相邻较小座位数档次按其最多座位数计算的疏散总宽度。

5.3.17　学校、商店、办公楼、候车（船）室、民航候机厅、展览厅及歌舞娱乐放映游艺场所等民用建筑中的疏散走道、安全出口、疏散楼梯以及房间疏散门的各自总宽度，应按下列规定经计算确定：

1　每层疏散走道、安全出口、疏散楼梯以及房间疏散门的每 100 人净宽度不应小于表 5.3.17-1 的规定；当每层人数不等时，疏散楼梯的总宽度可分层计算，地上建筑中下层楼梯的总宽度应按其上层人数最多一层的人数计算；地下建筑中上层楼梯的总宽度应按其下层人数最多一层的人数计算；

2　当人员密集的厅、室以及歌舞娱乐放映游艺场所设置在地下或半地下时，其疏散走道、安全出口、疏散楼梯以及房间疏散门的各自总宽度，应按其通过人数每 100 人不小于 1m 计算确定；

3　首层外门的总宽度应按该层或该层以上人数最多的一层人数计算确定，不供楼上人员疏散的外门，可按本层人数计算确定；

4　录像厅、放映厅的疏散人数应按该场所的建筑面积 1 人/m^2 计算确定；其他歌舞娱乐放映游艺场所的疏散人数应按该场所的建筑面积 0.5 人/m^2 计算确定；

5　商店的疏散人数应按每层营业厅建筑面积乘以面积折算值和疏散人数换算系数计算。地上商店的面积折算值宜为 50%～70%，地下商店的面积折算值不应小于 70%。疏散人数的换算系数可按表 5.3.17-2 确定。

表 5.3.17-1　疏散走道、安全出口、疏散楼梯和房间疏散门每 100 人的净宽度（m）

楼层位置	耐火等级		
	一、二级	三级	四级
地上一、二层	0.65	0.75	1.00
地上三层	0.75	1.00	—
地上四层及四层以上各层	1.00	1.25	—
与地面出入口地面的高差不超过 10m 的地下建筑	0.75	—	—
与地面出入口地面的高差超过 10m 的地下建筑	1.00	—	—

表 5.3.17-2　商店营业厅内的疏散人数换算系数（人/m^2）

楼层位置	地下二层	地下一层、地上第一、二层	地上第三层	地上第四层及四层以上各层
换算系数	0.80	0.85	0.77	0.60

5.4.2　燃油或燃气锅炉、油浸电力变压器、充有可燃油的高压电容器和多油开关等用房受条件限制必须布置在民用建筑内时，

不应布置在人员密集场所的上一层、下一层或贴邻，并应符合下列规定：

1 燃油和燃气锅炉房、变压器室应设置在首层或地下一层靠外墙部位，但常（负）压燃油、燃气锅炉可设置在地下二层，当常（负）压燃气锅炉距安全出口的距离大于6m时，可设置在屋顶上；

采用相对密度（与空气密度的比值）大于等于0.75的可燃气体为燃料的锅炉，不得设置在地下或半地下建筑（室）内；

2 锅炉房、变压器室的门均应直通室外或直通安全出口；外墙开口部位的上方应设置宽度不小于1m的不燃烧体防火挑檐或高度不小于1.2m的窗槛墙；

3 锅炉房、变压器室与其他部位之间应采用耐火极限不低于2.00h的不燃烧体隔墙和1.50h的不燃烧体楼板隔开。在隔墙和楼板上不应开设洞口，当必须在隔墙上开设门窗时，应设置甲级防火门窗；

4 当锅炉房内设置储油间时，其总储存量不应大于$1m^3$，且储油间应采用防火墙与锅炉间隔开；当必须在防火墙上开门时，应设置甲级防火门；

5 变压器室之间、变压器室与配电室之间，应采用耐火极限不低于2.00h的不燃烧体墙隔开；

6 油浸电力变压器、多油开关室、高压电容器室，应设置防止油品流散的设施。油浸电力变压器下面应设置储存变压器全部油量的事故储油设施；

7 锅炉的容量应符合现行国家标准《锅炉房设计规范》GB 50041的有关规定。油浸电力变压器的总容量不应大于1260kV·A，单台容量不应大于630kV·A；

8 应设置火灾报警装置；

9 应设置与锅炉、油浸变压器容量和建筑规模相适应的灭火设施；

10 燃气锅炉房应设置防爆泄压设施，燃气、燃油锅炉房应设置独立的通风系统，并应符合本规范第 10 章的有关规定。

5.4.3　柴油发电机房布置在民用建筑内时应符合下列规定：

1　宜布置在建筑物的首层及地下一、二层；

2　应采用耐火极限不低于 2.00h 的不燃烧体隔墙和不低于 1.50h 的不燃烧体楼板与其他部位隔开，门应采用甲级防火门；

3　机房内应设置储油间，其总储存量不应大于 8.0h 的需要量，且储油间应采用防火墙与发电机间隔开；当必须在防火墙上开门时，应设置甲级防火门；

4　应设置火灾报警装置；

5　应设置与柴油发电机容量和建筑规模相适应的灭火设施。

5.4.4　设置在建筑物内的锅炉、柴油发电机，其进入建筑物内的燃料供给管道应符合下列规定：

1　应在进入建筑物前和设备间内，设置自动和手动切断阀；

2　储油间的油箱应密闭且应设置通向室外的通气管，通气管应设置带阻火器的呼吸阀，油箱的下部应设置防止油品流散的设施；

3　燃气供给管道的敷设应符合现行国家标准《城镇燃气设计规范》GB 50028 的有关规定；

4　供锅炉及柴油发电机使用的柴油等液体燃料储罐，其布置应符合本规范第 3.4 节或第 4.2 节的有关规定。

5.4.5　经营、存放和使用甲、乙类物品的商店、作坊和储藏间，严禁设置在民用建筑内。

5.4.6　住宅与其他功能空间处于同一建筑内时，应符合下列规定：

1　住宅部分与非住宅部分之间应采用不开设门窗洞口的耐火极限不低于 1.50h 的不燃烧体楼板和不低于 2.00h 的不燃烧体隔墙与居住部分完全分隔，且居住部分的安全出口和疏散楼梯应独立设置；

2　其他功能场所和居住部分的安全疏散、消防设施等防火设计，应分别按照本规范中住宅建筑和公共建筑的有关规定执行，其中居住部分的层数确定应包括其他功能部分的层数。

6.0.1 街区内的道路应考虑消防车的通行，其道路中心线间的距离不宜大于 160m。当建筑物沿街道部分的长度大于 150m 或总长度大于 220m 时，应设置穿过建筑物的消防车道。当确有困难时，应设置环形消防车道。

6.0.4 在穿过建筑物或进入建筑物内院的消防车道两侧，不应设置影响消防车通行或人员安全疏散的设施。

6.0.6 工厂、仓库区内应设置消防车道。

占地面积大于 3000m^{2}的甲、乙、丙类厂房或占地面积大于 1500m^{2}的乙、丙类仓库，应设置环形消防车道，确有困难时，应沿建筑物的两个长边设置消防车道。

6.0.7 可燃材料露天堆场区，液化石油气储罐区，甲、乙、丙类液体储罐区和可燃气体储罐区，应设置消防车道。消防车道的设置应符合下列规定：

3 消防车道与材料堆场堆垛的最小距离不应小于 5m；

4 中间消防车道与环形消防车道交接处应满足消防车转弯半径的要求。

6.0.8 供消防车取水的天然水源和消防水池应设置消防车道。

6.0.9 消防车道的净宽度和净空高度均不应小于 4.0m。供消防车停留的空地，其坡度不宜大于 3%。

消防车道与厂房（仓库）、民用建筑之间不应设置妨碍消防车作业的障碍物。

6.0.10 环形消防车道至少应有两处与其他车道连通。尽头式消防车道应设置回车道或回车场，回车场的面积不应小于 12m×12m；供大型消防车使用时，不宜小于 18m×18m。

消防车道路面、扑救作业场地及其下面的管道和暗沟等应能承受大型消防车的压力。

消防车道可利用交通道路，但应满足消防车通行与停靠的要求。

7.1.1 防火墙应直接设置在建筑物的基础或钢筋混凝土框架、

梁等承重结构上，轻质防火墙体可不受此限。

防火墙应从楼地面基层隔断至顶板底面基层。当屋顶承重结构和屋面板的耐火极限低于0.50h，高层厂房（仓库）屋面板的耐火极限低于1.00h时，防火墙应高出不燃烧体屋面0.4m以上，高出燃烧体或难燃烧体屋面0.5m以上。其他情况时，防火墙可不高出屋面，但应砌至屋面结构层的底面。

7.1.2 防火墙横截面中心线距天窗端面的水平距离小于4m，且天窗端面为燃烧体时，应采取防止火势蔓延的措施。

7.1.3 当建筑物的外墙为难燃烧体时，防火墙应凸出墙的外表面0.4m以上，且在防火墙两侧的外墙应为宽度不小于2m的不燃烧体，其耐火极限不应低于该外墙的耐火极限。

当建筑物的外墙为不燃烧体时，防火墙可不凸出墙的外表面。紧靠防火墙两侧的门、窗洞口之间最近边缘的水平距离不应小于2m；但装有固定窗扇或火灾时可自动关闭的乙级防火窗时，该距离可不限。

7.1.5 防火墙上不应开设门窗洞口，当必须开设时，应设置固定的或火灾时能自动关闭的甲级防火门窗。

可燃气体和甲、乙、丙类液体的管道严禁穿过防火墙。其他管道不宜穿过防火墙，当必须穿过时，应采用防火封堵材料将墙与管道之间的空隙紧密填实；当管道为难燃及可燃材质时，应在防火墙两侧的管道上采取防火措施。

防火墙内不应设置排气道。

7.1.6 防火墙的构造应使防火墙任意一侧的屋架、梁、楼板等受到火灾的影响而破坏时，不致使防火墙倒塌。

7.2.1 剧院等建筑的舞台与观众厅之间的隔墙应采用耐火极限不低于3.00h的不燃烧体。

舞台上部与观众厅闷顶之间的隔墙可采用耐火极限不低于1.50h的不燃烧体，隔墙上的门应采用乙级防火门。

舞台下面的灯光操作室和可燃物储藏室应采用耐火极限不低于2.00h的不燃烧体墙与其他部位隔开。

电影放映室、卷片室应采用耐火极限不低于1.50h的不燃烧体隔墙与其他部分隔开。观察孔和放映孔应采取防火分隔措施。

7.2.2　医院中的洁净手术室或洁净手术部、附设在建筑中的歌舞娱乐放映游艺场所以及附设在居住建筑中的托儿所、幼儿园的儿童用房和儿童游乐厅等儿童活动场所、老年人建筑，应采用耐火极限不低于2.00h的不燃烧体墙和不低于1.00h的楼板与其他场所或部位隔开，当墙上必须开门时应设置乙级防火门。

7.2.3　下列建筑或部位的隔墙应采用耐火极限不低于2.00h的不燃烧体，隔墙上的门窗应为乙级防火门窗：

1　甲、乙类厂房和使用丙类液体的厂房；

2　有明火和高温的厂房；

3　剧院后台的辅助用房；

4　一、二级耐火等级建筑的门厅；

5　除住宅外，其他建筑内的厨房；

6　甲、乙、丙类厂房或甲、乙、丙类仓库内布置有不同类别火灾危险性的房间。

7.2.4　建筑内的隔墙应从楼地面基层隔断至顶板底面基层。

住宅分户墙和单元之间的墙应砌至屋面板底部，屋面板的耐火极限不应低于0.50h。

7.2.5　附设在建筑物内的消防控制室、固定灭火系统的设备室、消防水泵房和通风空气调节机房等，应采用耐火极限不低于2.00h的隔墙和不低于1.50h的楼板与其他部位隔开。设置在丁、戊类厂房中的通风机房应采用耐火极限不低于1.00h的隔墙和不低于0.50h的楼板与其他部位隔开。隔墙上的门除本规范另有规定者外，均应采用乙级防火门。

7.2.7　建筑幕墙的防火设计应符合下列规定：

1　窗槛墙、窗间墙的填充材料应采用不燃材料。当外墙面采用耐火极限不低于1.00h的不燃烧体时，其墙内填充材料可采用难燃材料；

2　无窗间墙和窗槛墙的幕墙，应在每层楼板外沿设置耐火极限不低于 1.00h、高度不低于 0.8m 的不燃烧实体裙墙；

3　幕墙与每层楼板、隔墙处的缝隙应采用防火封堵材料封堵。

7.2.9　电梯井应独立设置，井内严禁敷设可燃气体和甲、乙、丙类液体管道，并不应敷设与电梯无关的电缆、电线等。电梯井的井壁除开设电梯门洞和通气孔洞外，不应开设其他洞口。电梯门不应采用栅栏门。

电缆井、管道井、排烟道、排气道、垃圾道等竖向管道井，应分别独立设置；其井壁应为耐火极限不低于 1.00h 的不燃烧体；井壁上的检查门应采用丙级防火门。

7.2.10　建筑内的电缆井、管道井应在每层楼板处采用不低于楼板耐火极限的不燃烧体或防火封堵材料封堵。

建筑内的电缆井、管道井与房间、走道等相连通的孔洞应采用防火封堵材料封堵。

7.2.11　位于墙、楼板两侧的防火阀、排烟防火阀之间的风管外壁应采取防火保护措施。

7.3.5　防烟、排烟、采暖、通风和空气调节系统中的管道，在穿越隔墙、楼板及防火分区处的缝隙应采用防火封堵材料封堵。

7.4.1

1　楼梯间应能天然采光和自然通风，并宜靠外墙设置；

4　楼梯间内不应敷设甲、乙、丙类液体管道；

5　公共建筑的楼梯间内不应敷设可燃气体管道；

6　居住建筑的楼梯间内不应敷设可燃气体管道和设置可燃气体计量表。当住宅建筑必须设置时，应采用金属套管和设置切断气源的装置等保护措施。

7.4.2　封闭楼梯间除应符合本规范第 7.4.1 条的规定外，尚应符合下列规定：

1　当不能天然采光和自然通风时，应按防烟楼梯间的要求设置；

2　楼梯间的首层可将走道和门厅等包括在楼梯间内，形成扩大的封闭楼梯间，但应采用乙级防火门等措施与其他走道和房间隔开；

3　除楼梯间的门之外，楼梯间的内墙上不应开设其他门窗洞口；

4　高层厂房（仓库）、人员密集的公共建筑、人员密集的多层丙类厂房设置封闭楼梯间时，通向楼梯间的门应采用乙级防火门，并应向疏散方向开启；

7.4.3　防烟楼梯间除应符合本规范第7.4.1条的有关规定外，尚应符合下列规定：

1　当不能天然采光和自然通风时，楼梯间应按本规范第9章的规定设置防烟或排烟设施，应按本规范第11章的规定设置消防应急照明设施；

2　在楼梯间入口处应设置防烟前室、开敞式阳台或凹廊等。防烟前室可与消防电梯间前室合用；

3　前室的使用面积：公共建筑不应小于6.0m^2，居住建筑不应小于4.5m^2；合用前室的使用面积：公共建筑、高层厂房以及高层仓库不应小于10.0m^2，居住建筑不应小于6.0m^2；

4　疏散走道通向前室以及前室通向楼梯间的门应采用乙级防火门；

5　除楼梯间门和前室门外，防烟楼梯间及其前室的内墙上不应开设其他门窗洞口（住宅的楼梯间前室除外）；

6　楼梯间的首层可将走道和门厅等包括在楼梯间前室内，形成扩大的防烟前室，但应采用乙级防火门等措施与其他走道和房间隔开。

7.4.4　建筑物中的疏散楼梯间在各层的平面位置不应改变。

地下室、半地下室的楼梯间，在首层应采用耐火极限不低于2.00h的不燃烧体隔墙与其他部位隔开并应直通室外，当必须在隔墙上开门时，应采用乙级防火门。

地下室、半地下室与地上层不应共用楼梯间，当必须共用楼梯间时，在首层应采用耐火极限不低于2.00h的不燃烧体隔墙和乙级防火门将地下、半地下部分与地上部分的连通部位完全隔开，并应有明显标志。

7.4.10 消防电梯的设置应符合下列规定：

1 消防电梯间应设置前室。前室的使用面积应符合本规范第7.4.3条的规定，前室的门应采用乙级防火门；

注：设置在仓库连廊、冷库穿堂或谷物筒仓工作塔内的消防电梯，可不设置前室。

2 前室宜靠外墙设置，在首层应设置直通室外的安全出口或经过长度小于等于30m的通道通向室外；

3 消防电梯井、机房与相邻电梯井、机房之间，应采用耐火极限不低于2.00h的不燃烧体隔墙隔开；当在隔墙上开门时，应设置甲级防火门；

4 在首层的消防电梯井外壁上应设置供消防队员专用的操作按钮，消防电梯轿厢的内装修应采用不燃烧材料且其内部应设置专用消防对讲电话；

5 消防电梯的井底应设置排水设施，排水井的容量不应小于$2m^3$，排水泵的排水量不应小于10L/s。消防电梯间前室门口宜设置挡水设施；

6 消防电梯的载重量不应小于800kg；

7 消防电梯的行驶速度，应按从首层到顶层的运行时间不超过60s计算确定；

8 消防电梯的动力与控制电缆、电线应采取防水措施。

7.4.12 建筑中的疏散用门应符合下列规定：

1 民用建筑和厂房的疏散用门应向疏散方向开启。除甲、乙类生产房间外，人数不超过60人的房间且每樘门的平均疏散人数不超过30人时，其门的开启方向不限；

2 民用建筑及厂房的疏散用门应采用平开门，不应采用推拉门、卷帘门、吊门、转门；

3 仓库的疏散用门应为向疏散方向开启的平开门，首层靠墙的外侧可设推拉门或卷帘门，但甲、乙类仓库不应采用推拉门或卷帘门；

4 人员密集场所平时需要控制人员随意出入的疏散用门，或设有门禁系统的居住建筑外门，应保证火灾时不需使用钥匙等任何工具即能从内部易于打开，并应在显著位置设置标识和使用提示。

7.5.2 防火门的设置应符合下列规定：

1 应具有自闭功能。双扇防火门应具有按顺序关闭的功能；

2 常开防火门应能在火灾时自行关闭，并应有信号反馈的功能；

3 防火门内外两侧应能手动开启（本规范第7.4.12条第4款规定除外）；

4 设置在变形缝附近时，防火门开启后，其门扇不应跨越变形缝，并应设置在楼层较多的一侧。

7.5.3 防火分区间采用防火卷帘分隔时，应符合下列规定：

1 防火卷帘的耐火极限不应低于3.00h。当防火卷帘的耐火极限符合现行国家标准《门和卷帘的耐火试验方法》GB 7633有关背火面温升的判定条件时，可不设置自动喷水灭火系统保护；符合现行国家标准《门和卷帘的耐火试验方法》GB 7633有关背火面辐射热的判定条件时，应设置自动喷水灭火系统保护。自动喷水灭火系统的设计应符合现行国家标准《自动喷水灭火系统设计规范》GB 50084的有关规定，但其火灾延续时间不应小于3.0h。

2 防火卷帘应具有防烟性能，与楼板、梁和墙、柱之间的空隙应采用防火封堵材料封堵。

7.6.2 输送有火灾、爆炸危险物质的栈桥不应兼作疏散通道。

8.1.2 在城市、居住区、工厂、仓库等的规划和建筑设计时，必须同时设计消防给水系统。城市、居住区应设市政消火栓。民用建筑、厂房（仓库）、储罐（区）、堆场应设室外消火栓。民用建筑、厂房（仓库）应设室内消火栓，并应符合本规范第8.3.1条的规定。

消防用水可由城市给水管网、天然水源或消防水池供给。利用天然水源时，其保证率不应小于97%，且应设置可靠的取水设施。

耐火等级不低于二级，且建筑物体积小于等于 $3000m^3$ 的戊类厂房或居住区人数不超过 500 人且建筑物层数不超过两层的居住区，可不设置消防给水。

8.1.3 室外消防给水当采用高压或临时高压给水系统时，管道的供水压力应能保证用水总量达到最大且水枪在任何建筑物的最高处时，水枪的充实水柱仍不小于 10m；当采用低压给水系统时，室外消火栓栓口处的水压从室外设计地面算起不应小于 0.1MPa。

注：1 在计算水压时，应采用喷嘴口径 19mm 的水枪和直径 65mm、长度 120m 的有衬里消防水带的参数，每支水枪的计算流量不应小于 5L/s。

2 高层厂房（仓库）的高压或临时高压给水系统的压力应满足室内最不利点消防设备水压的要求。

3 消火栓给水管道的设计流速不宜大于 2.5m/s。

8.2.1 城市、居住区的室外消防用水量应按同一时间内的火灾次数和一次灭火用水量确定。同一时间内的火灾次数和一次灭火用水量不应小于表 8.2.1 的规定。

表 8.2.1　城市、居住区同一时间内的火灾次数和一次灭火用水量

人数 N（万人）	同一时间内的火灾次数（次）	一次灭火用水量（L/s）
$N \leqslant 1$	1	10
$1 < N \leqslant 2.5$	1	15
$2 < N \leqslant 5$	2	25
$5 < N \leqslant 10$	2	35
$10 < N \leqslant 20$	2	45
$20 < N \leqslant 30$	2	55
$30 < N \leqslant 40$	2	65
$40 < N \leqslant 50$	3	75
$50 < N \leqslant 60$	3	85
$60 < N \leqslant 70$	3	90
$70 < N \leqslant 80$	3	95
$80 < N \leqslant 100$	3	100

注：城市的室外消防用水量应包括居住区、工厂、仓库、堆场、储罐（区）和民用建筑的室外消火栓用水量。当工厂、仓库和民用建筑的室外消火栓用水量按本规范表 8.2.2-2 的规定计算，其值与按本表计算不一致时，应取较大值。

8.2.2 工厂、仓库、堆场、储罐（区）和民用建筑的室外消防用水量，应按同一时间内的火灾次数和一次灭火用水量确定：

1 工厂、仓库、堆场、储罐（区）和民用建筑在同一时间内的火灾次数不应小于表 8.2.2-1 的规定；

表 8.2.2-1 工厂、仓库、堆场、储罐（区）和民用建筑在同一时间内的火灾次数

<table>
<tr><th>名 称</th><th>基地面积（ha）</th><th>附有居住区人数（万人）</th><th>同一时间内的火灾次数（次）</th><th>备 注</th></tr>
<tr><td rowspan="3">工厂</td><td rowspan="2">≤100</td><td>≤1.5</td><td>1</td><td>按需水量最大的一座建筑物（或堆场、储罐）计算</td></tr>
<tr><td>>1.5</td><td>2</td><td>按需水量最大的两座建筑物（或堆场、储罐）之和计算</td></tr>
<tr><td>>100</td><td>不限</td><td>2</td><td>按需水量最大的两座建筑物（或堆场、储罐）之和计算</td></tr>
<tr><td>仓库、民用建筑</td><td>不限</td><td>不限</td><td>1</td><td>按需水量最大的一座建筑物（或堆场、储罐）计算</td></tr>
</table>

注：1 采矿、选矿等工业企业当各分散基地有单独的消防给水系统时，可分别计算。

2 $1ha=10000m^2$。

2 工厂、仓库和民用建筑一次灭火的室外消火栓用水量不应小于表 8.2.2-2 的规定；

3 一个单位内有泡沫灭火设备、带架水枪、自动喷水灭火系统以及其他室外消防用水设备时，其室外消防用水量应按上述同时使用的设备所需的全部消防用水量加上表 8.2.2-2 规定的室外消火栓用水量的50%计算确定，且不应小于表8.2.2-2的规定。

表8.2.2-2　工厂、仓库和民用建筑一次灭火的室外消火栓用水量（L/s）

耐火等级	建筑物类别		建筑物体积V（m^3）					
			$V\leqslant1500$	$1500<V\leqslant3000$	$3000<V\leqslant5000$	$5000<V\leqslant20000$	$20000<V\leqslant50000$	$V>50000$
一、二级	厂房	甲、乙类	10	15	20	25	30	35
		丙类	10	15	20	25	30	40
		丁、戊类	10	10	10	15	15	20
	仓库	甲、乙类	15	15	25	25	—	—
		丙类	15	15	25	25	35	45
		丁、戊类	10	10	10	15	15	20
	民用建筑		10	15	15	20	25	30
三级	厂房（仓库）	乙、丙类	15	20	30	40	45	—
		丁、戊类	10	10	15	20	25	35
	民用建筑		10	15	20	25	30	—
四级	丁、戊类厂房（仓库）		10	15	20	25	—	—
	民用建筑		10	15	20	25	—	—

注：1　室外消火栓用水量应按消防用水量最大的一座建筑物计算。成组布置的建筑物应按消防用水量较大的相邻两座计算。

2　国家级文物保护单位的重点砖木或木结构的建筑物，其室外消火栓用水量应按三级耐火等级民用建筑的消防用水量确定。

3　铁路车站、码头和机场的中转仓库其室外消火栓用水量可按丙类仓库确定。

8.2.3　可燃材料堆场、可燃气体储罐（区）的室外消防用水量，不应小于表8.2.3的规定。

表8.2.3　可燃材料堆场、可燃气体储罐（区）的室外消防用水量（L/s）

名　称		总储量或总容量	消防用水量
粮食 W（t）	土圆囤	$30<W\leqslant500$ $500<W\leqslant5000$ $5000<W\leqslant20000$ $W>20000$	15 25 40 45
	席穴囤	$30<W\leqslant500$ $500<W\leqslant5000$ $5000<W\leqslant20000$	20 35 50
棉、麻、毛、化纤百货 W（t）		$10<W\leqslant500$ $500<W\leqslant1000$ $1000<W\leqslant5000$	20 35 50
稻草、麦秸、芦苇等易燃材料 W（t）		$50<W\leqslant500$ $500<W\leqslant5000$ $5000<W\leqslant10000$ $W>10000$	20 35 50 60
木材等可燃材料 V（m^3）		$50<V\leqslant1000$ $1000<V\leqslant5000$ $5000<V\leqslant10000$ $V>10000$	20 30 45 55
煤和焦炭 W（t）		$100<W\leqslant5000$ $W>5000$	15 20
可燃气体储罐（区）V（m^3）		$500<V\leqslant10000$ $10000<V\leqslant50000$ $50000<V\leqslant100000$ $100000<V\leqslant200000$ $V>200000$	15 20 25 30 35

注：固定容积的可燃气体储罐的总容积按其几何容积（m^3）和设计工作压力（绝对压力，105Pa）的乘积计算。

8.2.4　甲、乙、丙类液体储罐（区）的室外消防用水量应按灭火用水量和冷却用水量之和计算。

1　灭火用水量应按罐区内最大罐泡沫灭火系统、泡沫炮和泡沫管枪灭火所需的灭火用水量之和确定，并应按现行国家标准

《低倍数泡沫灭火系统设计规范》GB 50151、《高倍数、中倍数泡沫灭火系统设计规范》GB 50196 或《固定消防炮灭火系统设计规范》GB 50338 的有关规定计算；

2　冷却用水量应按储罐区一次灭火最大需水量计算。距着火罐罐壁 1.5 倍直径范围内的相邻储罐应进行冷却，其冷却水的供给范围和供给强度不应小于表 8.2.4 的规定；

表 8.2.4　甲、乙、丙类液体储罐冷却水的供给范围和供给强度

<table>
<tr><th>设备类型</th><th colspan="3">储罐名称</th><th>供给范围</th><th>供给强度</th></tr>
<tr><td rowspan="8">移动式水枪</td><td rowspan="4">着火罐</td><td colspan="2">固定顶立式罐（包括保温罐）</td><td>罐周长</td><td>0.60[L/(s·m)]</td></tr>
<tr><td colspan="2">浮顶罐（包括保温罐）</td><td>罐周长</td><td>0.45[L/(s·m)]</td></tr>
<tr><td colspan="2">卧式罐</td><td>罐壁表面积</td><td>0.10[L/(s·m^2)]</td></tr>
<tr><td colspan="2">地下立式罐、半地下和地下卧式罐</td><td>无覆土罐壁表面积</td><td>0.10[L/(s·m^2)]</td></tr>
<tr><td rowspan="4">相邻罐</td><td rowspan="2">固定顶立式罐</td><td>不保温罐</td><td rowspan="2">罐周长的一半</td><td>0.35[L/(s·m)]</td></tr>
<tr><td>保温罐</td><td>0.20[L/(s·m)]</td></tr>
<tr><td colspan="2">卧式罐</td><td>罐壁表面积的一半</td><td>0.10[L/(s·m^2)]</td></tr>
<tr><td colspan="2">半地下、地下罐</td><td>无覆土罐壁表面积的一半</td><td>0.10[L/(s·m^2)]</td></tr>
<tr><td rowspan="4">固定式设备</td><td colspan="2" rowspan="2">着火罐</td><td>立式罐</td><td>罐周长</td><td>0.50[L/(s·m)]</td></tr>
<tr><td>卧式罐</td><td>罐壁表面积</td><td>0.10[L/(s·m^2)]</td></tr>
<tr><td colspan="2" rowspan="2">相邻罐</td><td>立式罐</td><td>罐周长的一半</td><td>0.50[L/(s·m)]</td></tr>
<tr><td>卧式罐</td><td>罐壁表面积的一半</td><td>0.10[L/(s·m^2)]</td></tr>
</table>

注：1　冷却水的供给强度还应根据实地灭火战术所使用的消防设备进行校核。

2　当相邻罐采用不燃材料作绝热层时，其冷却水供给强度可按本表减少 50%。

3　储罐可采用移动式水枪或固定式设备进行冷却。当采用移动式水枪进行冷却时，无覆土保护的卧式罐的消防用水量，当计算出的水量小于 15L/s 时，仍应采用 15L/s。

4　地上储罐的高度大于 15m 或单罐容积大于 2000m^3 时，宜采用固定式冷却水设施。

5　当相邻储罐超过 4 个时，冷却用水量可按 4 个计算。

3　覆土保护的地下油罐应设置冷却用水设施。冷却用水量应按最大着火罐罐顶的表面积（卧式罐按其投影面积）和冷却水供给强度等计算确定。冷却水的供给强度不应小于 0.10L/(s·m^2)。当计算水量小于 15L/s 时，仍应采用 15L/s。

8.2.5　液化石油气储罐（区）的消防用水量应按储罐固定喷水冷却装置用水量和水枪用水量之和计算，其设计应符合下列规定：

1　总容积大于 50m^3 的储罐区或单罐容积大于 20m^3 的储罐应设置固定喷水冷却装置。

固定喷水冷却装置的用水量应按储罐的保护面积与冷却水的供水强度等经计算确定。冷却水的供水强度不应小于 0.15L/(s·m^2)，着火罐的保护面积按其全表面积计算，距着火罐直径（卧式罐按其直径和长度之和的一半）1.5 倍范围内的相邻储罐的保护面积按其表面积的一半计算。

2　水枪用水量不应小于表 8.2.5 的规定；

表 8.2.5　液化石油气储罐（区）的水枪用水量

总容积 V（m^3）	$V \leqslant 500$	$500 < V \leqslant 2500$	$V > 2500$
单罐容积 V（m^3）	$V \leqslant 100$	$V \leqslant 400$	$V > 400$
水枪用水量（L/s）	20	30	45

注：1　水枪用水量应按本表总容积和单罐容积较大者确定。

2　总容积小于 50m^3 的储罐区或单罐容积小于等于 20m^3 的储罐，可单独设置固定喷水冷却装置或移动式水枪，其消防用水量应按水枪用水量计算。

3　埋地的液化石油气储罐可不设固定喷水冷却装置。

8.2.6　室外油浸电力变压器设置水喷雾灭火系统保护时，其消防用水量应按现行国家标准《水喷雾灭火系统设计规范》GB 50219 的有关规定确定。

8.3.1　除符合本规范第 8.3.4 条规定外，下列建筑应设置 $DN65$ 的室内消火栓：

1 建筑占地面积大于 300m^{2}的厂房（仓库）；

2 体积大于5000m^{3}的车站、码头、机场的候车（船、机）楼、展览建筑、商店、旅馆建筑、病房楼、门诊楼、图书馆建筑等；

3 特等、甲等剧场，超过 800 个座位的其他等级的剧场和电影院等，超过 1200 个座位的礼堂、体育馆等；

4 超过 5 层或体积大于 10000m^{3}的办公楼、教学楼、非住宅类居住建筑等其他民用建筑；

5 超过 7 层的住宅应设置室内消火栓系统，当确有困难时，可只设置干式消防竖管和不带消火栓箱的 *DN*65 的室内消火栓。消防竖管的直径不应小于 *DN*65。

注：耐火等级为一、二级且可燃物较少的单层、多层丁、戊类厂房（仓库），耐火等级为三、四级且建筑体积小于等于 3000m^{3}的丁类厂房和建筑体积小于等于 5000m^{3}的戊类厂房（仓库），粮食仓库、金库可不设置室内消火栓。

8.4.1 室内消防用水量应按下列规定经计算确定：

1 建筑物内同时设置室内消火栓系统、自动喷水灭火系统、水喷雾灭火系统、泡沫灭火系统或固定消防炮灭火系统时，其室内消防用水量应按需要同时开启的上述系统用水量之和计算；当上述多种消防系统需要同时开启时，室内消火栓用水量可减少 50%，但不得小于 10L/s；

2 室内消火栓用水量应根据水枪充实水柱长度和同时使用水枪数量经计算确定，且不应小于表 8.4.1 的规定；

3 水喷雾灭火系统的用水量应按现行国家标准《水喷雾灭火系统设计规范》GB 50219 的有关规定确定；自动喷水灭火系统的用水量应按现行国家标准《自动喷水灭火系统设计规范》GB 50084 的有关规定确定；泡沫灭火系统的用水量应按现行国家标准《低倍数泡沫灭火系统设计规范》GB 50151、《高倍数、中倍数泡沫灭火系统设计规范》GB 50196 的有关规定确定；固定消防炮灭火系统的用水量应按现行国家标准《固定消防炮灭火系统设计规范》GB 50338 的有关规定确定。

表 8.4.1 室内消火栓用水量

<table>
<tr><th>建筑物名称</th><th colspan="2">高度 h（m）、层数、体积 V（m^3）或座位数 N（个）</th><th>消火栓用水量（L/s）</th><th>同时使用水枪数量（支）</th><th>每根竖管最小流量（L/s）</th></tr>
<tr><td rowspan="4">厂房</td><td rowspan="2">$h \leqslant 24$</td><td>$V \leqslant 10000$</td><td>5</td><td>2</td><td>5</td></tr>
<tr><td>$V > 10000$</td><td>10</td><td>2</td><td>10</td></tr>
<tr><td colspan="2">$24 < h \leqslant 50$</td><td>25</td><td>5</td><td>15</td></tr>
<tr><td colspan="2">$h > 50$</td><td>30</td><td>6</td><td>15</td></tr>
<tr><td rowspan="4">仓库</td><td rowspan="2">$h \leqslant 24$</td><td>$V \leqslant 5000$</td><td>5</td><td>1</td><td>5</td></tr>
<tr><td>$V > 5000$</td><td>10</td><td>2</td><td>10</td></tr>
<tr><td colspan="2">$24 < h \leqslant 50$</td><td>30</td><td>6</td><td>15</td></tr>
<tr><td colspan="2">$h > 50$</td><td>40</td><td>8</td><td>15</td></tr>
<tr><td rowspan="2">科研楼、试验楼</td><td colspan="2">$h \leqslant 24$，$V \leqslant 10000$</td><td>10</td><td>2</td><td>10</td></tr>
<tr><td colspan="2">$h \leqslant 24$，$V > 10000$</td><td>15</td><td>3</td><td>10</td></tr>
<tr><td rowspan="3">车站、码头、机场的候车（船、机）楼和展览建筑等</td><td colspan="2">$5000 < V \leqslant 25000$</td><td>10</td><td>2</td><td>10</td></tr>
<tr><td colspan="2">$25000 < V \leqslant 50000$</td><td>15</td><td>3</td><td>10</td></tr>
<tr><td colspan="2">$V > 50000$</td><td>20</td><td>4</td><td>15</td></tr>
<tr><td rowspan="4">剧院、电影院、会堂、礼堂、体育馆等</td><td colspan="2">$800 < n \leqslant 1200$</td><td>10</td><td>2</td><td>10</td></tr>
<tr><td colspan="2">$1200 < n \leqslant 5000$</td><td>15</td><td>3</td><td>10</td></tr>
<tr><td colspan="2">$5000 < n \leqslant 10000$</td><td>20</td><td>4</td><td>15</td></tr>
<tr><td colspan="2">$n > 10000$</td><td>30</td><td>6</td><td>15</td></tr>
<tr><td rowspan="3">商店、旅馆等</td><td colspan="2">$5000 < V \leqslant 10000$</td><td>10</td><td>2</td><td>10</td></tr>
<tr><td colspan="2">$10000 < V \leqslant 25000$</td><td>15</td><td>3</td><td>10</td></tr>
<tr><td colspan="2">$V > 25000$</td><td>20</td><td>4</td><td>15</td></tr>
<tr><td rowspan="3">病房楼、门诊楼等</td><td colspan="2">$5000 < V \leqslant 10000$</td><td>5</td><td>2</td><td>5</td></tr>
<tr><td colspan="2">$10000 < V \leqslant 25000$</td><td>10</td><td>2</td><td>10</td></tr>
<tr><td colspan="2">$V > 25000$</td><td>15</td><td>3</td><td>10</td></tr>
<tr><td>办公楼、教学楼等其他民用建筑</td><td colspan="2">层数≥6 层或 $V > 10000$</td><td>15</td><td>3</td><td>10</td></tr>
<tr><td rowspan="2">国家级文物保护单位的重点砖木或木结构的古建筑</td><td colspan="2">$V \leqslant 10000$</td><td>20</td><td>4</td><td>10</td></tr>
<tr><td colspan="2">$V > 10000$</td><td>25</td><td>5</td><td>15</td></tr>
<tr><td>住宅</td><td colspan="2">层数≥8</td><td>5</td><td>2</td><td>5</td></tr>
</table>

注：1 丁、戊类高层厂房（仓库）室内消火栓的用水量可按本表减少 10L/s，同时使用水枪数且可按本表减少 2 支。

2 消防软管卷盘或轻便消防水龙及住宅楼梯间中的干式消防竖管上设置的消火栓，其消防用水量可不计入室内消防用水量。

8.5.1 下列场所应设置自动灭火系统，除不宜用水保护或灭火者以及本规范另有规定者外，宜采用自动喷水灭火系统：

1 大于等于 50000 纱锭的棉纺厂的开包、清花车间；大于等于 5000 锭的麻纺厂的分级、梳麻车间；火柴厂的烤梗、筛选部位；泡沫塑料厂的预发、成型、切片、压花部位；占地面积大于 1500m² 的木器厂房；占地面积大于 1500m² 或总建筑面积大于 3000m² 的单层、多层制鞋、制衣、玩具及电子等厂房；高层丙类厂房；飞机发动机试验台的准备部位；建筑面积大于 500m² 的丙类地下厂房；

2 每座占地面积大于 1000m² 的棉、毛、丝、麻、化纤、毛皮及其制品的仓库；每座占地面积大于 600m² 的火柴仓库；邮政楼中建筑面积大于 500m² 的空邮袋库；建筑面积大于 500m² 的可燃物品地下仓库；可燃、难燃物品的高架仓库和高层仓库（冷库除外）；

3 特等、甲等或超过 1500 个座位的其他等级的剧院；超过 2000 个座位的会堂或礼堂；超过 3000 个座位的体育馆；超过 5000 人的体育场的室内人员休息室与器材间等；

4 任一楼层建筑面积大于 1500m² 或总建筑面积大于 3000m² 的展览建筑、商店、旅馆建筑，以及医院中同样建筑规模的病房楼、门诊楼、手术部；建筑面积大于 500m² 的地下商店；

5 设置有送回风道（管）的集中空气调节系统且总建筑面积大于 3000m² 的办公楼等；

6 设置在地下、半地下或地上四层及四层以上或设置在建筑的首层、二层和三层且任一层建筑面积大于 300m² 的地上歌舞娱乐放映游艺场所（游泳场所除外）；

7 藏书量超过 50 万册的图书馆。

8.5.3 下列场所应设置雨淋喷水灭火系统：

1 火柴厂的氯酸钾压碾厂房；建筑面积大于 100m² 生产、使用硝化棉、喷漆棉、火胶棉、赛璐珞胶片、硝化纤维的厂房；

2　建筑面积超过 60m²或储存量超过 2t 的硝化棉、喷漆棉、火胶棉、赛璐珞胶片、硝化纤维的仓库；

3　日装瓶数量超过 3000 瓶的液化石油气储配站的灌瓶间、实瓶库；

4　特等、甲等或超过 1500 个座位的其他等级的剧院和超过 2000 个座位的会堂或礼堂的舞台的葡萄架下部；

5　建筑面积大于等于 400m²的演播室，建筑面积大于等于 500m²的电影摄影棚；

6　乒乓球厂的轧坯、切片、磨球、分球检验部位。

8.5.4　下列场所应设置自动灭火系统，且宜采用水喷雾灭火系统：

1　单台容量在 40MV·A 及以上的厂矿企业油浸电力变压器、单台容量在 90MV·A 及以上的电厂油浸电力变压器，或单台容量在 125MV·A 及以上的独立变电所油浸电力变压器；

2　飞机发动机试验台的试车部位。

8.5.5　下列场所应设置自动灭火系统，且宜采用气体灭火系统：

1　国家、省级或人口超过 100 万的城市广播电视发射塔楼内的微波机房、分米波机房、米波机房、变配电室和不间断电源（UPS）室；

2　国际电信局、大区中心、省中心和 1 万路以上的地区中心内的长途程控交换机房、控制室和信令转接点室；

3　2 万线以上的市话汇接局和 6 万门以上的市话端局内的程控交换机房、控制室和信令转接点室；

4　中央及省级治安、防灾和网局级及以上的电力等调度指挥中心内的通信机房和控制室；

5　主机房建筑面积大于等于 140m²的电子计算机房内的主机房和基本工作间的已记录磁（纸）介质库；

6　中央和省级广播电视中心内建筑面积不小于 120m²的音像制品仓库；

7　国家、省级或藏书量超过 100 万册的图书馆内的特藏库；

中央和省级档案馆内的珍藏库和非纸质档案库；大、中型博物馆内的珍品仓库；一级纸（绢）质文物的陈列室；

8　其他特殊重要设备室。

注：当有备用主机和备用已记录磁（纸）介质，且设置在不同建筑中或同一建筑中的不同防火分区内时，本条第 5 款规定的部位亦可采用预作用自动喷水灭火系统。

8.5.6　甲、乙、丙类液体储罐等泡沫灭火系统的设置场所应符合现行国家标准《石油库设计规范》GB 50074、《石油化工企业设计防火规范》GB 50160、《石油天然气工程设计防火规范》GB 50183 等的有关规定。

8.6.1　符合下列规定之一的，应设置消防水池：

1　当生产、生活用水量达到最大时，市政给水管道、进水管或天然水源不能满足室内外消防用水量；

2　市政给水管道为枝状或只有 1 条进水管，且室内外消防用水量之和大于 25L/s。

8.6.2　消防水池应符合下列规定：

1　当室外给水管网能保证室外消防用水量时，消防水池的有效容量应满足在火灾延续时间内室内消防用水量的要求。当室外给水管网不能保证室外消防用水量时，消防水池的有效容量应满足在火灾延续时间内室内消防用水量与室外消防用水量不足部分之和的要求。

当室外给水管网供水充足且在火灾情况下能保证连续补水时，消防水池的容量可减去火灾延续时间内补充的水量。

2　补水量应经计算确定，且补水管的设计流速不宜大于 2.5m/s。

3　消防水池的补水时间不宜超过 48h；对于缺水地区或独立的石油库区，不应超过 96h。

4　容量大于 500m^3 的消防水池，应分设成两个能独立使用的消防水池。

5　供消防车取水的消防水池应设置取水口或取水井，且吸水高度不应大于6.0m。取水口或取水井与建筑物（水泵房除外）的距离不宜小于15m；与甲、乙、丙类液体储罐的距离不宜小于40m；与液化石油气储罐的距离不宜小于60m，如采取防止辐射热的保护措施时，可减为40m。

6 供消防车取水的消防水池，其保护半径不应大于150m。

7 消防用水与生产、生活用水合并的水池，应采取确保消防用水不作他用的技术措施。

8 严寒和寒冷地区的消防水池应采取防冻保护设施。

8.6.3 不同场所的火灾延续时间不应小于表8.6.3的规定：

表8.6.3 不同场所的火灾延续时间（h）

<table>
<tr><th>建筑类别</th><th>场所名称</th><th>火灾延续时间（h）</th></tr>
<tr><td rowspan="4">甲、乙、丙类液体储罐</td><td>浮顶罐</td><td rowspan="3">4.0</td></tr>
<tr><td>地下和半地下固定顶立式罐、覆土储罐</td></tr>
<tr><td>直径小于等于20m的地上固定顶立式罐</td></tr>
<tr><td>直径大于20m的地上固定顶立式罐</td><td rowspan="2">6.0</td></tr>
<tr><td rowspan="2">液化石油气储罐</td><td>总容积大于220m³的储罐区或单罐容积大于50m³的储罐</td></tr>
<tr><td>总容积小于等于220m³的储罐区且单罐容积小于等于50m³的储罐</td><td rowspan="5">3.0</td></tr>
<tr><td rowspan="3">可燃气体储罐</td><td>湿式储罐</td></tr>
<tr><td>干式储罐</td></tr>
<tr><td>固定容积储罐</td></tr>
<tr><td rowspan="2">可燃材料堆场</td><td>煤、焦炭露天堆场</td></tr>
<tr><td>其他可燃材料露天、半露天堆场</td><td>6.0</td></tr>
<tr><td rowspan="2">仓库</td><td>甲、乙、丙类仓库</td><td>3.0</td></tr>
<tr><td>丁、戊类仓库</td><td>2.0</td></tr>
<tr><td rowspan="2">厂房</td><td>甲、乙、丙类厂房</td><td>3.0</td></tr>
<tr><td>丁、戊类厂房</td><td>2.0</td></tr>
<tr><td rowspan="2">民用建筑</td><td>公共建筑</td><td rowspan="2">2.0</td></tr>
<tr><td>居住建筑</td></tr>
<tr><td rowspan="3">灭火系统</td><td>自动喷水灭火系统</td><td rowspan="3">应按相应现行国家标准确定</td></tr>
<tr><td>泡沫灭火系统</td></tr>
<tr><td>防火分隔水幕</td></tr>
</table>

8.6.4　独立建造的消防水泵房，其耐火等级不应低于二级。附设在建筑中的消防水泵房应按本规范第 7.2.5 条的规定与其他部位隔开。

消防水泵房设置在首层时，其疏散门宜直通室外；设置在地下层或楼层上时，其疏散门应靠近安全出口。消防水泵房的门应采用甲级防火门。

8.6.5　消防水泵房应有不少于 2 条的出水管直接与环状消防给水管网连接。当其中 1 条出水管关闭时，其余的出水管应仍能通过全部用水量。

出水管上应设置试验和检查用的压力表和 *DN*65 的放水阀门。当存在超压可能时，出水管上应设置防超压设施。

8.6.9　消防水泵应保证在火警后 30s 内启动。

消防水泵与动力机械应直接连接。

9.1.2　防烟楼梯间及其前室、消防电梯间前室或合用前室应设置防烟设施。

9.1.3　下列场所应设置排烟设施：

1　丙类厂房中建筑面积大于 300m^{2}的地上房间；人员、可燃物较多的丙类厂房或高度大于 32m 的高层厂房中长度大于 20m 的内走道；任一层建筑面积大于 5000m^{2}的丁类厂房；

2　占地面积大于 1000m^{2}的丙类仓库；

3　公共建筑中经常有人停留或可燃物较多，且建筑面积大于 300m^{2}的地上房间；公共建筑中长度大于 20m 的内走道；

4　中庭；

5　设置在一、二、三层且房间建筑面积大于 200m^{2}或设置在四层及四层以上或地下、半地下的歌舞娱乐放映游艺场所；

6　总建筑面积大于 200m^{2}或一个房间建筑面积大于 50m^{2}且经常有人停留或可燃物较多的地下、半地下建筑或地下室、半地下室；

7　其他建筑中地上长度大于 40m 的疏散走道。

9.1.5　防烟与排烟系统中的管道、风口及阀门等必须采用不燃材料制作。排烟管道应采取隔热防火措施或与可燃物保持不小于

150mm 的距离。

排烟管道的厚度应按现行国家标准《通风与空调工程施工质量验收规范》GB 50243 的有关规定执行。

9.2.2 设置自然排烟设施的场所，其自然排烟口的净面积应符合下列规定：

1 防烟楼梯间前室、消防电梯间前室，不应小于 2.0m^2；合用前室，不应小于 3.0m^2；

2 靠外墙的防烟楼梯间，每 5 层内可开启排烟窗的总面积不应小于 2.0m^2；

3 中庭、剧场舞台，不应小于该中庭、剧场舞台楼地面面积的 5%；

9.3.1 下列场所应设置机械加压送风防烟设施：

1 不具备自然排烟条件的防烟楼梯间；

2 不具备自然排烟条件的消防电梯间前室或合用前室；

3 设置自然排烟设施的防烟楼梯间，其不具备自然排烟条件的前室。

9.3.3 防烟楼梯间内机械加压送风防烟系统的余压值应为 40～50Pa；前室、合用前室应为 25～30Pa。

9.4.1 设置排烟设施的场所当不具备自然排烟条件时，应设置机械排烟设施。

9.4.3 穿越防火分区的排烟管道应在穿越处设置排烟防火阀。排烟防火阀应符合现行国家标准《排烟防火阀的试验方法》GB 15931 的有关规定。

9.4.5 机械排烟系统的排烟量不应小于表 9.4.5 的规定。

表 9.4.5　机械排烟系统的最小排烟量

条件和部位	单位排烟量 [m^3/(h·m^2)]	换气次数 (次/h)	备　注
担负 1 个防烟分区	80	—	单台风机排烟量不应小于 7200m^3/h
室内净高大于 6m 且不划分防烟分区的空间			

续表 9.4.5

<table>
<tr><th colspan="2">条件和部位</th><th>单位排烟量
[m³/(h·m²)]</th><th>换气次数
(次/h)</th><th>备　注</th></tr>
<tr><td colspan="2">担负 2 个及 2 个以上防烟分区</td><td>120</td><td>—</td><td>应按最大的防烟分区面积确定</td></tr>
<tr><td rowspan="2">中庭</td><td>体积小于等于 17000m³</td><td>—</td><td>6</td><td rowspan="2">体积大于 17000m³ 时，排烟量不应小于 102000m³/h</td></tr>
<tr><td>体积大于 17000m³</td><td>—</td><td>4</td></tr>
</table>

10.1.2　甲、乙类厂房中的空气不应循环使用。

含有燃烧或爆炸危险粉尘、纤维的丙类厂房中的空气，在循环使用前应经净化处理，并应使空气中的含尘浓度低于其爆炸下限的 25%。

10.1.3　甲、乙类厂房用的送风设备与排风设备不应布置在同一通风机房内，且排风设备不应和其他房间的送、排风设备布置在同一通风机房内。

10.1.4　民用建筑内空气中含有容易起火或爆炸危险物质的房间，应有良好的自然通风或独立的机械通风设施，且其空气不应循环使用。

10.2.2　甲、乙类厂房和甲、乙类仓库内严禁采用明火和电热散热器采暖。

10.2.3　下列厂房应采用不循环使用的热风采暖：

1　生产过程中散发的可燃气体、可燃蒸汽、可燃粉尘、可燃纤维与采暖管道、散热器表面接触能引起燃烧的厂房；

2　生产过程中散发的粉尘受到水、水蒸气的作用能引起自燃、爆炸或产生爆炸性气体的厂房。

10.3.1　排除有爆炸或燃烧危险气体、蒸汽和粉尘的排风管应采用金属管道，并应直接通到室外的安全处，不应暗设。

10.3.2　有爆炸危险的厂房内的排风管道，严禁穿过防火墙和有爆炸危险的车间隔墙。

10.3.5　含有燃烧和爆炸危险粉尘的空气，在进入排风机前应采用不产生火花的除尘器进行处理。对于遇水可能形成爆炸的粉尘，严禁采用湿式除尘器。

10.3.6　处理有爆炸危险粉尘的除尘器、排风机的设置应符合下列规定：

1　应与其他普通型的风机、除尘器分开设置；

10.3.8　处理有爆炸危险粉尘和碎屑的除尘器、过滤器、管道，均应设置泄压装置。

净化有爆炸危险粉尘的干式除尘器和过滤器应布置在系统的负压段上。

10.3.9　排除、输送有燃烧或爆炸危险气体、蒸气和粉尘的排风系统，均应设置导除静电的接地装置，且排风设备不应布置在地下、半地下建筑（室）中。

10.3.12　下列情况之一的通风、空气调节系统的风管上应设置防火阀：

1　穿越防火分区处；

2　穿越通风、空气调节机房的房间隔墙和楼板处；

3　穿越重要的或火灾危险性大的房间隔墙和楼板处；

4　穿越防火分隔处的变形缝两侧；

5　垂直风管与每层水平风管交接处的水平管段上，但当建筑内每个防火分区的通风、空气调节系统均独立设置时，该防火分区内的水平风管与垂直总管的交接处可不设置防火阀。

10.3.17　燃油、燃气锅炉房应有良好的自然通风或机械通风设施。燃气锅炉房应选用防爆型的事故排风机。当设置机械通风设施时，该机械通风设施应设置导除静电的接地装置，通风量应符合下列规定：

1　燃油锅炉房的正常通风量按换气次数不少于3次/h确定；

2 燃气锅炉房的正常通风量按换气次数不少于 6 次/h 确定；

3 燃气锅炉房的事故排风量按换气次数不少于 12 次/h 确定。

11.1.1 建筑物、储罐（区）、堆场的消防用电设备，其电源应符合下列规定：

1 除粮食仓库及粮食筒仓工作塔外，建筑高度大于 50m 的乙、丙类厂房和丙类仓库的消防用电应按一级负荷供电；

2 下列建筑物、储罐（区）和堆场的消防用电应按二级负荷供电：

1）室外消防用水量大于 30L/s 的工厂、仓库；

2）室外消防用水量大于 35L/s 的可燃材料堆场、可燃气体储罐（区）和甲、乙类液体储罐（区）；

3）座位数超过 1500 个的电影院、剧院，座位数超过 3000 个的体育馆、任一层建筑面积大于 3000m^2 的商店、展览建筑、省（市）级及以上的广播电视楼、电信楼和财贸金融楼，室外消防用水量大于 25L/s 的其他公共建筑；

11.1.3 消防应急照明灯具和灯光疏散指示标志的备用电源的连续供电时间不应少于 30min。

11.1.4 消防用电设备应采用专用的供电回路，当生产、生活用电被切断时，应仍能保证消防用电。其配电设备应有明显标志。

11.1.6 消防用电设备的配电线路应满足火灾时连续供电的需要，其敷设应符合下列规定：

1 暗敷时，应穿管并应敷设在不燃烧体结构内且保护层厚度不应小于 30mm。明敷时（包括敷设在吊顶内），应穿金属管或封闭式金属线槽，并应采取防火保护措施；

11.2.1 甲类厂房、甲类仓库，可燃材料堆垛，甲、乙类液体储罐，液化石油气储罐，可燃、助燃气体储罐与架空电力线的最近水平距离不应小于电杆（塔）高度的 1.5 倍，丙类液体储罐与架空电力线的最近水平距离不应小于电杆（塔）高度的1.2倍。

35kV以上的架空电力线与单罐容积大于200m³或总容积大于1000m³的液化石油气储罐（区）的最近水平距离不应小于40m；当储罐为地下直埋式时，架空电力线与储罐的最近水平距离可减小50%。

11.2.4 开关、插座和照明灯具靠近可燃物时，应采取隔热、散热等防火保护措施。

卤钨灯和额定功率大于等于100W的白炽灯泡的吸顶灯、槽灯、嵌入式灯，其引入线应采用瓷管、矿棉等不燃材料作隔热保护。

大于60W的白炽灯、卤钨灯、高压钠灯、金属卤灯光源、荧光高压汞灯（包括电感镇流器）等不应直接安装在可燃装修材料或可燃构件上。

11.3.1 除住宅外的民用建筑、厂房和丙类仓库的下列部位，应设置消防应急照明灯具：

1 封闭楼梯间、防烟楼梯间及其前室、消防电梯间的前室或合用前室；

2 消防控制室、消防水泵房、自备发电机房、配电室、防烟与排烟机房以及发生火灾时仍需正常工作的其他房间；

3 观众厅，建筑面积大于400m²的展览厅、营业厅、多功能厅、餐厅，建筑面积大于200m²的演播室；

4 建筑面积大于300m²的地下、半地下建筑或地下室、半地下室中的公共活动房间；

5 公共建筑中的疏散走道。

11.3.2 建筑内消防应急照明灯具的照度应符合下列规定：

1 疏散走道的地面最低水平照度不应低于0.5lx；

2 人员密集场所内的地面最低水平照度不应低于1.0lx；

3 楼梯间内的地面最低水平照度不应低于5.0lx；

4 消防控制室、消防水泵房、自备发电机房、配电室、防烟与排烟机房以及发生火灾时仍需正常工作的其他房间的消防应急照明，仍应保证正常照明的照度。

11.3.4 公共建筑、高层厂房（仓库）及甲、乙、丙类厂房应沿疏散走道和在安全出口、人员密集场所的疏散门的正上方设置灯光疏散指示标志，并应符合下列规定：

1 安全出口和疏散门的正上方应采用“安全出口”作为指示标志；

2 沿疏散走道设置的灯光疏散指示标志，应设置在疏散走道及其转角处距地面高度 1.0m 以下的墙面上，且灯光疏散指示标志间距不应大于 20m；对于袋形走道，不应大于 10m；在走道转角区，不应大于 1.0m，其指示标志应符合现行国家标准《消防安全标志》GB 13495 的有关规定。

11.3.5 下列建筑或场所应在其内疏散走道和主要疏散路线的地面上增设能保持视觉连续的灯光疏散指示标志或蓄光疏散指示标志：

1 总建筑面积超过 8000m^2的展览建筑；

2 总建筑面积超过 5000m^2的地上商店；

3 总建筑面积超过 500m^2的地下、半地下商店；

4 歌舞娱乐放映游艺场所；

5 座位数超过 1500 个的电影院、剧院，座位数超过 3000 个的体育馆、会堂或礼堂。

11.4.1 下列场所应设置火灾自动报警系统：

1 大中型电子计算机房及其控制室、记录介质库，特殊贵重或火灾危险性大的机器、仪表、仪器设备室、贵重物品库房，设有气体灭火系统的房间；

2 每座占地面积大于 1000m^2的棉、毛、丝、麻、化纤及其织物的库房，占地面积超过 500m^2或总建筑面积超过 1000m^2的卷烟库房；

3 任一层建筑面积大于 1500m^2或总建筑面积大于 3000m^2的制鞋、制衣、玩具等厂房；

4 任一层建筑面积大于 3000m^2或总建筑面积大于 6000m^2的商店、展览建筑、财贸金融建筑、客运和货运建筑等；

5　图书、文物珍藏库，每座藏书超过100万册的图书馆，重要的档案馆；

6　地市级及以上广播电视建筑、邮政楼、电信楼，城市或区域性电力、交通和防灾救灾指挥调度等建筑；

7　特等、甲等剧院或座位数超过1500个的其他等级的剧院、电影院，座位数超过2000个的会堂或礼堂，座位数超过3000个的体育馆；

8　老年人建筑、任一楼层建筑面积大于1500m^2或总建筑面积大于3000m^2的旅馆建筑、疗养院的病房楼、儿童活动场所和大于等于200床位的医院的门诊楼、病房楼、手术部等；

9　建筑面积大于500m^2的地下、半地下商店；

10　设置在地下、半地下或建筑的地上四层及四层以上的歌舞娱乐放映游艺场所；

11　净高大于2.6m且可燃物较多的技术夹层，净高大于0.8m且有可燃物的闷顶或吊顶内。

11.4.2　建筑内可能散发可燃气体、可燃蒸气的场所应设可燃气体报警装置。

11.4.4　消防控制室的设置应符合下列规定：

1　单独建造的消防控制室，其耐火等级不应低于二级；

2　附设在建筑物内的消防控制室，宜设置在建筑物内首层的靠外墙部位，亦可设置在建筑物的地下一层，但应按本规范第7.2.5条的规定与其他部位隔开，并应设置直通室外的安全出口；

3　严禁与消防控制室无关的电气线路和管路穿过；

4　不应设置在电磁场干扰较强及其他可能影响消防控制设备工作的设备用房附近。

二、《高层民用建筑设计防火规范》GB 50045—95，2005年版

1.0.5　当高层建筑的建筑高度超过250m时，建筑设计采取的特殊的防火措施，应提交国家消防主管部门组织专题研究、论证。

3.0.1 高层建筑应根据其使用性质、火灾危险性、疏散和扑救难度等进行分类。并应符合表3.0.1的规定。

表3.0.1 建筑分类

名称	一类	二类
居住建筑	十九层及十九层以上的普通住宅	十层至十八层的住宅
公共建筑	1. 医院 2. 高级旅馆 3. 建筑高度超过50m或24m以上部分的任一楼层的建筑面积超过1000m² 的商业楼、展览楼、综合楼、电信楼、财贸金融楼 4. 建筑高度超过50m或24m以上部分的任一楼层的建筑面积超过1500m² 的商住楼 5. 中央级和省级（含计划单列市）广播电视楼 6. 网局级和省级（含计划单列市）电力调度楼 7. 省级（含计划单列市）邮政楼、防灾指挥调度楼 8. 藏书超过100万册的图书馆、书库 9. 重要的办公楼、科研楼、档案楼 10. 建筑高度超过50m的教学楼和普通的旅馆、办公楼、科研楼、档案楼等	1. 除一类建筑以外的商业楼、展览楼、综合楼、电信楼、财贸金融楼、商住楼、图书馆、书库 2. 省级以下的邮政楼、防灾指挥调度楼、广播电视楼、电力调度楼 3. 建筑高度不超过50m的教学楼和普通的旅馆、办公楼、科研楼、档案楼等

3.0.2 高层建筑的耐火等级应分为一、二两级，其建筑构件的燃烧性能和耐火极限不应低于表3.0.2的规定。

各类建筑构件的燃烧性能和耐火极限可按附录A确定。

表3.0.2 建筑构件的燃烧性能和耐火极限

构件名称 \ 燃烧性能和耐火极限（h）		耐火等级	
		一级	二级
墙	防火墙	不燃烧体 3.00	不燃烧体 3.00
	承重墙、楼梯间的墙、电梯井的墙、住宅单元之间的墙、住宅分户墙	不燃烧体 2.00	不燃烧体 2.00
	非承重外墙、疏散走道两侧的隔墙	不燃烧体 1.00	不燃烧体 1.00
	房间隔墙	不燃烧体 0.76	不燃烧体 0.50

续表 3.0.2

构件名称 \ 燃烧性能和耐火极限（h）	耐火等级	
	一级	二级
柱	不燃烧体 3.00	不燃烧体 2.50
梁	不燃烧体 2.00	不燃烧体 1.50
楼板、疏散楼梯、屋顶承重构件	不燃烧体 1.50	不燃烧体 1.00
吊顶	不燃烧体 0.25	难燃烧体 0.25

3.0.3 预制钢筋混凝土构件的节点缝隙或金属承重构件节点的外露部位，必须加设防火保护层，其耐火极限不应低于本规范表 3.0.2 相应建筑构件的耐火极限。

3.0.4 一类高层建筑的耐火等级应为一级，二类高层建筑的耐火等级不应低于二级。

裙房的耐火等级不应低于二级。高层建筑地下室的耐火等级应为一级。

3.0.7 高层建筑内存放可燃物的平均重量超过 200kg/m^2 的房间，当不设自动灭火系统时，其柱、梁、楼板和墙的耐火极限应按本规范第 3.0.2 条的规定提高 0.50h。

3.0.8 建筑幕墙的设置应符合下列规定：

3.0.8.1 窗槛墙、窗间墙的填充材料应采用不燃烧材料。当外墙采用耐火极限不低于 1.00h 的不燃烧体时，其墙内填充材料可采用难燃烧材料。

3.0.8.2 无窗槛墙或窗槛墙高度小于 0.80m 的建筑幕墙，应在每层楼板外沿设置耐火极限不低于 1.00h、高度不低于 0.80m 的不燃烧体裙墙或防火玻璃裙墙。

3.0.8.3 建筑幕墙与每层楼板、隔墙处的缝隙，应采用防火封堵材料封堵。

4.1.2 燃油或燃气锅炉、油浸电力变压器、充有可燃油的高压电容器和多油开关等宜设置在高层建筑外的专用房间内。

当上述设备受条件限制需与高层建筑贴邻布置时，应设置在耐火等级不低于二级的建筑内，并应采用防火墙与高层建筑隔开，且不应贴邻人员密集场所。

当上述设备受条件限制需布置在高层建筑中时，不应布置在人员密集场所的上一层、下一层或贴邻，并应符合下列规定：

4.1.2.1　燃油和燃气锅炉房、变压器室应布置在建筑物的首层或地下一层靠外墙部位，但常（负）压燃油、燃气锅炉可设置在地下二层；当常（负）压燃气锅炉房距安全出口的距离大于6.00m时，可设置在屋顶上。

采用相对密度（与空气密度比值）大于等于0.75的可燃气体作燃料的锅炉，不得设置在建筑物的地下室或半地下室；

4.1.2.2　锅炉房、变压器室的门均应直通室外或直通安全出口；外墙上的门、窗等开口部位的上方应设置宽度不小于1.0m的不燃烧体防火挑檐或高度不小于1.20m的窗槛墙；

4.1.2.3　锅炉房、变压器室与其他部位之间应采用耐火极限不低于2.00h的不燃烧体隔墙和1.50h的楼板隔开。在隔墙和楼板上不应开设洞口；当必须在隔墙上开门窗时，应设置耐火极限不低于1.20h的防火门窗；

4.1.2.4　当锅炉房内设置储油间时，其总储存量不应大于1.00m^3，且储油间应采用防火墙与锅炉间隔开；当必须在防火墙上开门时，应设置甲级防火门；

4.1.2.5　变压器室之间、变压器室与配电室之间，应采用耐火极限不低于2.00h的不燃烧体墙隔开；

4.1.2.6　油浸电力变压器、多油开关室、高压电容器室，应设置防止油品流散的设施。油浸电力变压器下面应设置储存变压器全部油量的事故储油设施；

4.1.2.7　锅炉的容量应符合现行国家标准《锅炉房设计规范》GB 50041的规定。油浸电力变压器的总容量不应大于1260kVA，单台容量不应大于630kVA；

4.1.2.8　应设置火灾报警装置和除卤代烷以外的自动灭火系统；

4.1.2.9　燃气、燃油锅炉房应设置防爆泄压设施和独立的通风系统。采用燃气作燃料时，通风换气能力不小于 6 次/h，事故通风换气次数不小于 12 次/h；采用燃油作燃料时，通风换气能力不小于 3 次/h，事故通风换气能力不小于 6 次/h。

4.1.3 柴油发电机房布置在高层建筑和裙房内时，应符合下列规定：

4.1.3.1 可布置在建筑物的首层或地下一、二层，不应布置在地下三层及以下。柴油的闪点不应小于 55℃；

4.1.3.2 应采用耐火极限不低于 2.00h 的隔墙和 1.50h 的楼板与其他部位隔开，门应采用甲级防火门；

4.1.3.3 机房内应设置储油间，其总储存量不应超过 8.00h 的需要量，且储油间应采用防火墙与发电机间隔开；当必须在防火墙上开门时，应设置能自动关闭的甲级防火门；

4.1.3.4 应设置火灾自动报警系统和除卤代烷 1211、1301 以外的自动灭火系统。

4.1.5 高层建筑内的观众厅、会议厅、多功能厅等人员密集场所，应设在首层或二、三层；当必须设在其他楼层时，除本规范另有规定外，尚应符合下列规定：

4.1.5.2 一个厅、室的安全出口不应少于两个。

4.1.5.3 必须设置火灾自动报警系统和自动喷水灭火系统。

4.1.5.4 幕布和窗帘应采用经阻燃处理的织物。

4.1.6 托儿所、幼儿园、游乐厅等儿童活动场所不应设置在高层建筑内，当必须设在高层建筑内时，应设置在建筑物的首层或二、三层，并应设置单独出入口。

4.1.7 高层建筑的底边至少有一个长边或周边长度的 1/4 且不小于一个长边长度，不应布置高度大于 5.0m、进深大于 4.0m 的裙房，且在此范围内必须设有直通室外的楼梯或直通楼梯间的出口。

4.1.10 高层建筑使用丙类液体作燃料时，应符合下列规定：

4.1.10.2 中间罐的容积不应大于 1.0m^3，并应设在耐火等级不低于二级的单独房间内，该房间的门应采用甲级防火门。

4.1.11　当高层建筑采用瓶装液化石油气作燃料时，应设集中瓶装液化石油气间，并应符合下列规定：

4.1.11.2　总储量超过 1.00m^3、而不超过 3.00m^3 的瓶装液化石油气间，应独立建造，且与高层建筑和裙房的防火间距不应小于 10m。

4.1.11.3　在总进气管道、总出气管道上应设有紧急事故自动切断阀。

4.1.11.4　应设有可燃气体浓度报警装置。

4.1.12　设置在建筑物内的锅炉、柴油发电机，其燃料供给管道应符合下列规定：

4.1.12.1　应在进入建筑物前和设备间内设置自动和手动切断阀；

4.1.12.2　储油间的油箱应密闭，且应设置通向室外的通气管，通气管应设置带阻火器的呼吸阀。油箱的下部应设置防止油品流散的设施。

4.1.12.3　燃料供给管道的敷设应符合现行国家标准《城镇燃气设计规范》GB 50028 的规定。

4.1.5A　高层建筑内的歌舞厅、卡拉 OK 厅（含具有卡拉 OK 功能的餐厅）、夜总会、录像厅、放映厅、桑拿浴室（除洗浴部分外）、游艺厅（含电子游艺厅）、网吧等歌舞娱乐放映游艺场所（以下简称歌舞娱乐放映游艺场所），应设在首层或二、三层；宜靠外墙设置，不应布置在袋形走道的两侧和尽端，其最大容纳人数按录像厅、放映厅为 1.0 人/m^2，其他场所为 0.5 人/m^2 计算，面积按厅室建筑面积计算；并应采用耐火极限不低于 2.00h 的隔墙和 1.00h 的楼板与其他场所隔开。当墙上必须开门时应设置不低于乙级的防火门。

当必须设置在其他楼层时，尚应符合下列规定：

4.1.5A.1　不应设置在地下二层及二层以下，设置在地下一层时，地下一层地面与室外出入口地坪的高差不应大于 10m；

4.1.5A.2　一个厅、室的建筑面积不应超过 200m^2；

4.1.5A.3 一个厅、室的出口不应少于两个，当一个厅、室的建筑面积小于 $50m^2$，可设置一个出口；

4.1.5A.4 应设置火灾自动报警系统和自动喷水灭火系统。

4.1.5A.5 应设置防烟、排烟设施，并应符合本规范有关规定。

4.1.5A.6 疏散走道和其他主要疏散路线的地面或靠近地面的墙上，应设置发光疏散指示标志。

4.1.5B 地下商店应符合下列规定：

4.1.5B.1 营业厅不宜设在地下三层及三层以下；

4.1.5B.2 不应经营和储存火灾危险性为甲、乙类储存物品属性的商品；

4.1.5B.3 应设火灾自动报警系统和自动喷水灭火系统；

4.1.5B.4 当商店总建筑面积大于 $20000m^2$ 时，应采用防火墙进行分隔，且防火墙上不得开设门窗洞口；

4.1.5B.5 应设防烟、排烟设施，并应符合本规范有关规定；

4.1.5B.6 疏散走道和其他主要疏散路线的地面或靠近地面的墙面上，应设置发光疏散指示标志。

4.2.1 高层建筑之间及高层建筑与其他民用建筑之间的防火间距，不应小于表 4.2.1 的规定。

表 4.2.1 高层建筑之间及高层建筑与其他民用建筑之间的防火间距（m）

建筑类别	高层建筑	裙房	其他民用建筑		
			耐火等级		
			一、二级	三级	四级
高层建筑	13	9	9	11	14
裙房	9	6	6	7	9

注：防火间距应按相邻建筑外墙的最近距离计算；当外墙有突出可燃构件时，应从其突出的部分外缘算起。

4.2.5 高层建筑与小型甲、乙、丙类液体储罐、可燃气体储罐和化学易燃物品库房的防火间距，不应小于表 4.2.5 的规定。

表 4.2.5　高层建筑与小型甲、乙、丙类液体储罐、可燃气体储罐和化学易燃物品库房的防火间距

名称和储量	防火间距（m）		
	高层建筑	裙　房	
小型甲、乙类液体储罐	<30m^3	35	30
	30～60m^3	40	35
小型丙类液体储罐	<150m^3	35	30
	150～200m^3	40	35
可燃气体储罐	<100m^3	30	25
	100～500m^3	35	30
化学易燃物品库房	<1t	30	25
	1～5t	35	30

注：1　储罐的防火间距应从距建筑物最近的储罐外壁算起；

2　当甲、乙、丙类液体储罐直埋时，本表的防火距离可减少 50%。

4.2.6　高层医院等的液氧储罐总容量不超过 3.00m^3 时，储罐间可一面贴邻所属高层建筑外墙建造，但应采用防火墙隔开，并应设直通室外的出口。

4.2.7　高层建筑与厂（库）房的防火间距，不应小于表 4.2.7 的规定。

表 4.2.7　高层建筑与厂（库）房的防火间距（m）

厂（库）房			一类		二类	
			高层建筑	裙　房	高层建筑	裙　房
丙类	耐火等级	一、二级	20	15	15	13
		三、四级	25	20	20	15
丁类、戊类		一、二级	15	10	13	10
		三、四级	18	12	15	10

4.3.1 高层建筑的周围，应设环形消防车道。当设环形车道有困难时，可沿高层建筑的两个长边设置消防车道，当建筑的沿街长度超过 150m 或总长度超过 220m 时，应在适中位置设置穿过建筑的消防车道。

有封闭内院或天井的高层建筑沿街时，应设置连通街道和内院的人行通道（可利用楼梯间），其距离不宜超过 80m。

4.3.6 穿过高层建筑的消防车道，其净宽和净空高度均不应小于 4.00m。

5.1.1 高层建筑内应采用防火墙等划分防火分区，每个防火分区允许最大建筑面积，不应超过表 5.1.1 的规定。

表 5.1.1　每个防火分区的允许最大建筑面积

建筑类别	每个防火分区建筑面积（m^2）
一类建筑	1000
二类建筑	1500
地下室	500

注：1 设有自动灭火系统的防火分区，其允许最大建筑面积可按本表增加 1.0 倍；当局部设置自动灭火系统时，增加面积可按该局部面积的 1.0 倍计算。

2 一类建筑的电信楼，其防火分区允许最大建筑面积可按本表增加 50%。

5.1.3 当高层建筑与其裙房之间设有防火墙等防火分隔设施时，其裙房的防火分区允许最大建筑面积不应大于 2500m^2，当设有自动喷水灭火系统时，防火分区允许最大建筑面积可增加 1.0 倍。

5.1.4 高层建筑内设有上下层相连通的走廊、敞开楼梯、自动扶梯、传送带等开口部位时，应按上下连通层作为一个防火分区，其允许最大建筑面积之和不应超过本规范第 5.1.1 条的规定。

5.1.5 高层建筑中庭防火分区面积应按上、下层连通的面积叠加计算，当超过一个防火分区面积时，应符合下列规定：

5.1.5.1 房间与中庭回廊相通的门、窗，应设自行关闭的乙级防火门、窗。

5.1.5.2 与中庭相通的过厅、通道等，应设乙级防火门或耐火极限大于3.00h的防火卷帘分隔。

5.1.5.3 中庭每层回廊应设有自动喷水灭火系统。

5.1.5.4 中庭每层回廊应设火灾自动报警系统。

5.2.2 紧靠防火墙两侧的门、窗、洞口之间最近边缘的水平距离不应小于2.00m；当水平间距小于2.00m时，应设置固定乙级防火门、窗。

5.2.4 输送可燃气体和甲、乙、丙类液体的管道，严禁穿过防火墙。其他管道不宜穿过防火墙，当必须穿过时，应采用不燃烧材料将其周围的空隙填塞密实。

穿过防火墙处的管道保温材料，应采用不燃烧材料。

5.2.7 设在高层建筑内的自动灭火系统的设备室、通风、空调机房，应采用耐火极限不低于2.00h的隔墙，1.50h的楼板和甲级防火门与其他部位隔开。

三、《建筑内部装修设计防火规范》GB 50222—95，2001年版

3.1.2 除地下建筑外，无窗房间的内部装修材料的燃烧性能等级，除A级外，应在本规范规定的基础上提高一级。

3.1.5 消防水泵房、排烟机房、固定灭火系统钢瓶间、配电室、变压器室、通风和空调机房等，其内部所有装修均应采用A级装修材料。

3.1.6 无自然采光楼梯间、封闭楼梯间、防烟楼梯间的顶棚、墙面和地面均应采用A级装修材料。

3.1.13 地上建筑的水平疏散走道和安全出口的门厅，其顶棚装修材料应采用A级装修材料，其他部位应采用不低于B_1级的装修材料。

3.1.15 A建筑内部装修不应减少安全出口、疏散出口或疏散走道的设计疏散所需净宽度和数量。

3.1.18 当歌舞厅、卡拉OK厅（含具有卡拉OK功能的餐厅）、

夜总会、录像厅、放映厅、桑拿浴（除洗浴部分外）、游艺厅（含电子游艺厅）、网吧等歌舞娱乐放映游艺场所（以下简称歌舞娱乐放映游艺场所）设置在一、二级耐火等级建筑的四层及四层以上时，室内装修的顶棚材料应采用A级装修材料，其他部位应采用不低于B_1级的装修材料；设置在地下一层时，室内装修的顶棚、墙面材料应采用A级装修材料，其他部位应采用不低于B_1级的装修材料。

3.2.3 除第3.1.18条的规定外，当单层、多层民用建筑需做内部装修的空间内装有自动灭火系统时，除顶棚外，其内部装修材料的燃烧性能等级可在表3.2.1规定的基础上降低一级；当同时装有火灾自动报警装置和自动灭火系统时，其顶棚装修材料的燃烧性能等级可在表3.2.1规定的基础上降低一级，其他装修材料的燃烧性能等级可不限制。

3.4.2 地下民用建筑的疏散走道和安全出口的门厅，其顶棚、墙面和地面的装修材料应采用A级装修材料。

四、《农村防火规范》GB 50039—2010

1.0.4 农村的消防规划应根据其区划类别，分别纳入镇总体规划、镇详细规划、乡规划和村庄规划，并应与其他基础设施统一规划、同步实施。

3.0.2 甲、乙、丙类生产、储存场所应布置在相对独立的安全区域，并应布置在集中居住区全年最小频率风向的上风侧。

可燃气体和可燃液体的充装站、供应站、调压站和汽车加油加气站等应根据当地的环境条件和风向等因素合理布置，与其他建（构）筑物等的防火间距应符合国家现行有关标准的要求。

3.0.4 甲、乙、丙类生产、储存场所不应布置在学校、幼儿园、托儿所、影剧院、体育馆、医院、养老院、居住区等附近。

3.0.9 既有的厂（库）房和堆场、储罐等，不满足消防安全要求的，应采取隔离、改造、搬迁或改变使用性质等防火保护措施。

3.0.13 消防车道应保持畅通，供消防车通行的道路严禁设置隔离桩、栏杆等障碍设施，不得堆放土石、柴草等影响消防车通行的障碍物。

5.0.5 农村应设置消防水源。消防水源应由给水管网、天然水源或消防水池供给。

5.0.11 农村应根据给水管网、消防水池或天然水源等消防水源的形式，配备相应的消防车、机动消防泵、水带、水枪等消防设施。

5.0.13 农村应设火灾报警电话。农村消防站与城市消防指挥中心、供水、供电、供气等部门应有可靠的通信联络方式。

6.1.12 燃放烟花爆竹、吸烟、动用明火应当远离易燃易爆危险品存放地和柴草、饲草、农作物等可燃物堆放地。

6.2.1 **2** 架空电力线路不应跨越易燃易爆危险品仓库、有爆炸危险的场所、可燃液体储罐、可燃、助燃气体储罐和易燃、可燃材料堆场等，与这些场所的间距不应小于电杆高度的1.5倍；1kV及1kV以上的架空电力线路不应跨越可燃屋面的建筑；

6.2.2 **3** 严禁使用铜丝、铁丝等代替保险丝，且不得随意增加保险丝的截面积；

6.3.2 **1** 严禁在地下室存放和使用；

4 严禁使用超量罐装的液化石油气钢瓶，严禁敲打、倒置、碰撞钢瓶，严禁随意倾倒残液和私自灌气；

6.4.1 汽油、煤油、柴油、酒精等可燃液体不应存放在居室内，且应远离火源、热源。

6.4.2 使用油类等可燃液体燃料的炉灶、取暖炉等设备必须在熄火降温后充装燃料。

6.4.3 严禁对盛装或盛装过可燃液体且未采取安全置换措施的存储容器进行电焊等明火作业。

五、《汽车库、修车库、停车场设计防火规范》GB 50067—97

3.0.2 汽车库、修车库的耐火等级应分为三级。各级耐火等级建筑物构件的燃烧性能和耐火极限均不应低于表3.0.2的规定。

表 3.0.2 建筑物构件的燃烧性能和耐火极限

构件名称 \ 燃烧性能和耐火极限（h） \ 耐火等级		一 级	二 级	三 级
墙	防火墙	不燃烧体 3.00	不燃烧体 3.00	不燃烧体 3.00
	承重墙、楼梯间的墙、防火隔墙	不燃烧体 2.00	不燃烧体 2.00	不燃烧体 2.00
	隔墙、框架填充墙	不燃烧体 0.75	不燃烧体 0.50	不燃烧体 0.50
柱	支承多层的柱	不燃烧体 3.00	不燃烧体 2.50	不燃烧体 2.50
	支承单层的柱	不燃烧体 2.50	不燃烧体 2.00	不燃烧体 2.00
梁		不燃烧体 2.00	不燃烧体 1.50	不燃烧体 1.00
楼 板		不燃烧体 1.50	不燃烧体 1.00	不燃烧体 0.50
疏散楼梯、坡道		不燃烧体 1.50	不燃烧体 1.00	不燃烧体 1.00
屋顶承重构件		不燃烧体 1.50	不燃烧体 1.50	燃烧体
吊顶（包括吊顶搁栅）		不燃烧体 0.25	不燃烧体 0.25	难燃烧体 0.15

注：预制钢筋混凝土构件的节点缝隙或金属承重构件的外露部位应加设防火保护层，其耐火极限不应低于本表相应构件的规定。

3.0.3 地下汽车库的耐火等级应为一级。

甲、乙类物品运输车的汽车库、修车库和Ⅰ、Ⅱ、Ⅲ类的汽车库、修车库的耐火等级不应低于二级。Ⅳ类汽车库、修车库的耐火等级不应低于三级。

注：甲、乙类物品的火灾危险性分类应按现行的国家标准《建筑设计防火规范》的规定执行。

4.1.1 车库不应布置在易燃、可燃液体或可燃气体的生产装置区和贮存区内。

4.1.2 汽车库不应与甲、乙类生产厂房、库房以及托儿所、幼儿园、养老院组合建造；当病房楼与汽车库有完全的防火分隔时，病房楼的地下可设置汽车库。

4.1.3　甲、乙类物品运输车的汽车库、修车库应为单层、独立建造。当停车数量不超过 3 辆时，可与一、二级耐火等级的Ⅳ类汽车库贴邻建造，但应采用防火墙隔开。

4.1.4　Ⅰ类修车库应单独建造；Ⅱ、Ⅲ、Ⅳ类修车库可设置在一、二级耐火等级的建筑物的首层或与其贴邻建造，但不得与甲、乙类生产厂房、库房、明火作业的车间或托儿所、幼儿园、养老院、病房楼及人员密集的公共活动场所组合或贴邻建造。

4.1.6　地下汽车库内不应设置修理车位、喷漆间、充电间、乙炔间和甲、乙类物品贮存室。

4.1.7　汽车库和修车库内不应设置汽油罐、加油机。

4.1.8　停放易燃液体、液化石油气罐车的汽车库内，严禁设置地下室和地沟。

4.1.10　车库区内的加油站、甲类危险物品仓库、乙炔发生器间不应布置在架空电力线的下面。

4.2.1　车库之间以及车库与除甲类物品库房外的其他建筑物之间的防火间距不应小于表 4.2.1 的规定。

表 4.2.1　车库之间以及车库与除甲类物品的库房外的其他建筑物之间的防火间距

防火间距（m） 车库名称和耐火等级		汽车库、修车库、厂房、库房、民用建筑耐火等级		
		一、二级	三级	四级
汽车库、修车库	一、二级	10	12	14
	三级	12	14	16
停车场		6	8	10

注：1　防火间距应按相邻建筑物外墙的最近距离算起，如外墙有凸出的可燃物构件时，则应从其凸出部分边缘算起。

2　高层汽车库其他建筑物之间，汽车库、修车库与高层工业、民用建筑之间的防火间距应按本表规定值增加 3m。

3　汽车库、修车库与甲类厂房之间的防火间距应按本表规定值增加 2m。

4.2.5　甲、乙类物品运输车的车库与民用建筑之间的防火间距不应小于25m，与重要公共建筑的防火间距不应小于50m。甲类物品运输车的车库与明火或散发火花地点的防火间距不应小于30m，与厂房、库房的防火间距应按本规范表4.2.1的规定值增加2m。

4.2.6　车库与易燃、可燃液体储罐，可燃气体储罐，液化石油气储罐的防火间距，不应小于表4.2.6的规定。

表4.2.6　车库与易燃、可燃液体储罐，可燃气体储罐，液化石油气储罐的防火间距

名称 \ 总贮量（m^3） \ 防火间距（m）		汽车库、修车库		停车场
		一、二级	三级	
易燃液体储罐	1～50	12	15	12
	51～200	15	20	15
	201～1000	20	25	20
	1001～5000	25	30	25
可燃液体储罐	5～250	12	15	12
	251～1000	15	20	15
	1001～5000	20	25	20
	5001～25000	25	30	25
水槽式可燃气体储罐	≤1000	12	15	12
	1001～10000	15	20	15
	＞10000	20	25	20
液化石油气储罐	1～30	18	20	18
	31～200	20	25	20
	201～500	25	30	25
	＞500	30	40	30

注：1　防火间距应从距车库最近的储罐外壁算起，但设有防火堤的储罐，其防火堤外侧基脚线距车库的距离不应小于10m。

2　计算易燃、可燃液体储罐区总贮量时，$1m^3$的易燃液体按$5m^3$的可燃液体计算。

3　干式可燃气体储罐与车库的防火间距按本表规定值增加25%。

4.2.8　车库与甲类物品库房的防火间距不应小于表 4.2.8 的规定。

表 4.2.8　车库与甲类物品库房的防火间距

名称		总贮量（t）＼防火间距（m）	汽车库、修车库		停车场
			一、二级	三级	
甲类物品库房	3、4 项	≤5	15	20	15
		>5	20	25	20
	1、2、5、6 项	≤10	12	15	12
		>10	15	20	15

4.2.9　车库与可燃材料露天、半露天堆场的防火间距不应小于表 4.2.9 的规定。

表 4.2.9　汽车库与可燃材料露天、半露天堆场的防火间距

名称		总贮量（t）＼防火间距（m）	汽车库、修车库		停车场
			一、二级	三级	
稻草、麦秸、芦苇等		10～500	15	20	15
		501～10000	20	25	20
		10001～20000	25	30	25
棉麻、毛、化纤、百货		10～500	10	15	10
		501～1000	15	20	15
		1001～5000	20	25	20
煤和焦炭		1000～5000	6	8	6
		>5000	8	10	8
粮食	筒仓	10～5000	10	15	10
		5001～20000	15	20	15
	席穴囤	10～5000	15	20	15
		5001～20000	20	25	20
木材等可燃材料		50～1000m^3	10	15	10
		1001～10000m^3	15	20	15

5.1.1 汽车库应设防火墙划分防火分区。每个防火分区的最大允许建筑面积应符合表 5.1.1 的规定。

表 5.1.1 汽车库防火分区最大允许建筑面积（m^2）

耐火等级	单层汽车库	多层汽车库	地下汽车库或高层汽车库
一、二级	3000	2500	2000
三级	1000		

注：1 敞开式、错层式、斜楼板式的汽车库的上下连通层面积应叠加计算，其防火分区最大允许建筑面积可按本表规定值增加一倍。

2 室内地坪低于室外地坪面高度超过该层汽车库净高 1/3 且不超过净高 1/2 的汽车库，或设在建筑物首层的汽车库的防火分区最大允许建筑面积不应超过 25000m^2。

3 复式汽车库的防火分区最大允许建筑面积应按本表规定值减少 35%。

5.1.4 甲、乙类物品运输车的汽车库、修车库，其防火分区最大允许建筑面积不应超过 500m^2。

5.1.5 修车库防火分区最大允许建筑面积不应超过 2000m^2，当修车部位与相邻的使用有机溶剂的清洗和喷漆工段采用防火墙分隔时，其防火分区最大允许建筑面积不应超过 4000m^2。

5.1.6 汽车库、修车库贴邻其他建筑物时，必须采用防火墙隔开。

设在其他建筑内的汽车库（包括屋顶的汽车库）、修车库与其他部分应采用耐火极限不低于 3.00h 的不燃烧体隔墙和 2.00h 的不燃烧体楼板分隔，汽车库、修车库的外墙门、窗、洞口的上方应设置不燃烧体的防火挑檐。外墙的上、下窗间墙高度不应小于 1.2m。防火挑檐的宽度不应小于 1m，耐火极限不应低于 1.00h。

5.1.7 汽车库内设置修理车位时，停车部位与修车部位之间应设耐火极限不低于 3.00h 的不燃烧体隔墙和 2.00h 的不燃烧体楼板分隔。

5.1.10 自动灭火系统的设备室、消防水泵房应采用防火隔墙和耐火极限不低于 1.50h 的不燃烧体楼板与相邻部位分隔。

6.0.1 汽车库、修车库的人员安全出口和汽车疏散出口应分开设置。设在民用建筑内的汽车库，其车辆疏散出口应与其他部分的人员安全出口分开设置。

6.0.3 汽车库、修车库的室内疏散楼梯应设置封闭楼梯间。建筑高度超过 32m 的高层汽车库的室内疏散楼梯应设置防烟楼梯间。

6.0.5 汽车库室内最远工作地点至楼梯间的距离不应超过 45m，当设有自动灭火系统时，其距离不应超过 60m。单层或设在建筑物首层的汽车库，室内最远工作地点至室外出口的距离不应超过 60m。

6.0.6 汽车库、修车库的汽车疏散出口不应少于两个，但符合下列条件之一的可设一个：

1 Ⅳ类汽车库；

2 汽车疏散坡道为双车道的Ⅲ类地上汽车库和停车数少于 100 辆的地下汽车库；

3 Ⅱ、Ⅲ、Ⅳ类修车库。

6.0.7 Ⅰ、Ⅱ类地上汽车库和停车数大于 100 辆的地下汽车库，当采用错层或斜楼板式且车道、坡道为双车道时，其首层或地下一层至室外的汽车疏散出口不应少于两个，汽车库内的其他楼层汽车疏散坡道可设一个。

7.1.5 车库应设室外消火栓给水系统，其室外消防用水量应按消防用水量最大的一座汽车库、修车库、停车场计算，并不应小于下列规定：

7.1.5.1 Ⅰ、Ⅱ类车库 20L/s；

7.1.5.2 Ⅲ类车库 15L/s；

7.1.5.3 Ⅳ类车库 10L/s。

7.1.8 汽车库、修车库应设室内消火栓给水系统，其消防用水量不应小于下列要求：

7.1.8.1 Ⅰ、Ⅱ、Ⅲ类汽车库及Ⅰ、Ⅱ类修车库的用水量不应小于 10L/s，且应保证相邻两个消火栓的水枪充实水柱同时达到室内任何部位。

7.1.8.2 Ⅳ类汽车库及Ⅲ、Ⅳ类修车库的用水量不应小于5L/s，且应保证一个消火栓的水枪充实水柱到达室内任何部位。

7.1.12 四层以上多层汽车库和高层汽车库及地下汽车库，其室内消防给水管网应设水泵接合器。

7.2.1 Ⅰ、Ⅱ、Ⅲ类地上汽车库、停车数超过10辆的地下汽车库、机械式立体汽车库或复式汽车库以及采用垂直升降梯作汽车疏散出口的汽车库、Ⅰ类修车库，均应设置自动喷水灭火系统。

9.0.7 除敞开式汽车库以外的Ⅰ类汽车库、Ⅱ类地下汽车库和高层汽车库以及机械式立体汽车库、复式汽车库、采用升降梯作汽车疏散出口的汽车库，应设置火灾自动报警系统。

9.8.3 12层及12层以上的住宅应设置消防电梯。

六、《人民防空工程设计防火规范》GB 50098—2009

3.1.2 人防工程内不得使用和储存液化石油气、相对密度（与空气密度比值）大于或等于0.75的可燃气体和闪点小于60℃的液体燃料。

3.1.6 **1** 不应经营和储存火灾危险性为甲、乙类储存物品属性的商品；

2 营业厅不应设置在地下三层及三层以下；

3.1.10 柴油发电机房和燃油或然气锅炉房的设置除应符合现行国家标准《建筑设计防火规范》GB 50016的有关规定外，尚应符合下列规定：

1 防火分区的划分应符合本规范第4.1.1条第3款的规定；

2 柴油发电机房与电站控制室之间的密闭观察窗除应符合密闭要求外，还应达到甲级防火窗的性能；

3 柴油发电机房与电站控制室之间的连接通道处，应设置一道具有甲级防火门耐火性能的门，并应常闭；

4 储油间的设置应符合本规范第4.2.4条的规定。

4.1.1 **5** 工程内设置有旅店、病房、员工宿舍时，不得设置在地下二层及以下层，并应划分为独立的防火分区，且疏散楼梯不得与其他防火分区的疏散楼梯共用。

4.1.6 当人防工程地面建有建筑物，且与地下一、二层有中庭相通或地下一、二层有中庭相通时，防火分区面积应按上下多层相连通的面积叠加计算；当超过本规范规定的防火分区最大允许建筑面积时，应符合下列规定：

1 房间与中庭相通的开口部位应设置火灾时能自行关闭的甲级防火门窗；

2 与中庭相通的过厅、通道等处，应设置甲级防火门或耐火极限不低于 3h 的防火卷帘；防火门或防火卷帘应能在火灾时自动关闭或降落；

3 中庭应按本规范第 6.3.1 条的规定设置排烟设施。

4.3.3 本规范允许使用的可燃气体和丙类液体管道，除可穿过柴油发电机房、燃油锅炉房的储油间与机房间的防火墙外，严禁穿过防火分区之间的防火墙；当其他管道需要穿过防火墙时，应采用防火封堵材料将管道周围的空隙紧密填塞，通风和空气调节系统的风管还应符合本规范第 6.7.6 条的规定。

4.3.4 通过防火墙或设置有防火门的隔墙处的管道和管线沟，应采用不燃材料将通过处的空隙紧密填塞。

4.4.2 **1** 位于防火分区分隔处安全出口的门应为甲级防火门；当使用功能上确实需要采用防火卷帘分隔时，应在其旁设置与相邻防火分区的疏散走道相通的甲级防火门；

2 公共场所的疏散门应向疏散方向开启，并在关闭后能从任何一侧手动开启；

4 用防护门、防护密闭门、密闭门代替甲级防火门时，其耐火性能应符合甲级防火门的要求；且不得用于平战结合公共场所的安全出口处；

5 常开的防火门应具有信号反馈的功能。

5.2.1 设有下列公共活动场所的人防工程，当底层室内地面与室外出入口地坪高差大于 10m 时，应设置防烟楼梯间；当地下为两层，且地下第二层的室内地面与室外出入口地坪高差不大于10m时，应设置封闭楼梯间。

1 电影院、礼堂；

2 建筑面积大于500m^2的医院、旅馆；

3 建筑面积大于1000m^2的商场、餐厅、展览厅、公共娱乐场所、健身体育场所。

6.1.1 人防工程下列部位应设置机械加压送风防烟设施：

1 防烟楼梯间及其前室或合用前室；

2 避难走道的前室。

6.4.1 每个防烟分区内必须设置排烟口，排烟口应设置在顶棚或墙面的上部。

6.5.2 机械加压送风防烟管道、排烟管道、排烟口和排烟阀等必须采用不燃材料制作。

排烟管道与可燃物的距离不应小于0.15m，或应采取隔热防火措施。

7.2.6 人防工程应配置灭火器，灭火器的配置设计应符合现行国家标准《建筑灭火器配置设计规范》GB 50140的有关规定。

7.8.1 设置有消防给水的人防工程，必须设置消防排水设施。

8.1.2 消防控制室、消防水泵、消防电梯、防烟风机、排烟风机等消防用电设备应采用两路电源或两回路供电线路供电，并应在最末一级配电箱处自动切换。

当采用柴油发电机组作备用电源时，应设置自动启动装置，并应能在30s内供电。

8.1.5 **1** 当采用暗敷设时，应穿在金属管中，并应敷设在不燃烧体结构内，且保护层厚度不应小于30mm；

2 当采用明敷设时，应敷设在金属管或封闭式金属线槽内，并应采取防火保护措施；

8.1.6 消防用电设备、消防配电柜、消防控制箱等应设置有明显标志。

8.2.6 消防疏散照明和消防备用照明在工作电源断电后，应能自动投合备用电源。

第二节 灭火系统设计

一、《建筑灭火器配置设计规范》GB 50140—2005

4.1.3 在同一灭火器配置场所，当选用两种或两种以上类型灭火器时，应采用灭火剂相容的灭火器。

4.2.1 A类火灾场所应选择水型灭火器、磷酸铵盐干粉灭火器、泡沫灭火器或卤代烷灭火器。

4.2.2 B类火灾场所应选择泡沫灭火器、碳酸氢钠干粉灭火器、磷酸铵盐干粉灭火器、二氧化碳灭火器、灭B类火灾的水型灭火器或卤代烷灭火器。极性溶剂的B类火灾场所应选择灭B类火灾的抗溶性灭火器。

4.2.3 C类火灾场所应选择磷酸铵盐干粉灭火器、碳酸氢钠干粉灭火器、二氧化碳灭火器或卤代烷灭火器。

4.2.4 D类火灾场所应选择扑灭金属火灾的专用灭火器。

4.2.5 E类火灾场所应选择磷酸铵盐干粉灭火器、碳酸氢钠干粉灭火器、卤代烷灭火器或二氧化碳灭火器，但不得选用装有金属喇叭喷筒的二氧化碳灭火器。

5.1.1 灭火器应设置在位置明显和便于取用的地点，且不得影响安全疏散。

5.1.5 灭火器不得设置在超出其使用温度范围的地点。

5.2.1 设置在A类火灾场所的灭火器，其最大保护距离应符合表5.2.1的规定。

表 5.2.1 A类火灾场所的灭火器最大保护距离（m）

危险等级 \ 灭火器型式	手提式灭火器	推车式灭火器
严重危险级	15	30

续表 5.2.1

危险等级＼灭火器型式	手提式灭火器	推车式灭火器
中危险级	20	40
轻危险级	25	50

5.2.2 设置在 B、C 类火灾场所的灭火器，其最大保护距离应符合表 5.2.2 的规定。

表 5.2.2　B、C 类火灾场所的灭火器最大保护距离（m）

危险等级＼灭火器型式	手提式灭火器	推车式灭火器
严重危险级	9	18
中危险级	12	24
轻危险级	15	30

6.1.1 一个计算单元内配置的灭火器数量不得少于 2 具。

6.2.1 A 类火灾场所灭火器的最低配置基准应符合表 6.2.1 的规定。

表 6.2.1　A 类火灾场所灭火器的最低配置基准

危险等级	严重危险级	中危险级	轻危险级
单具灭火器最小配置灭火级别	3A	2A	1A
单位灭火级别最大保护面积（m^2/A）	50	75	100

6.2.2 B、C 类火灾场所灭火器的最低配置基准应符合表 6.2.2 的规定。

表 6.2.2　B、C 类火灾场所灭火器的最低配置基准

危险等级	严重危险级	中危险级	轻危险级
单具灭火器最小配置灭火级别	88B	55B	21B
单位灭火级别最大保护面积（m^2/B）	0.5	1.0	1.5

7.1.2 每个灭火器设置点实配灭火器的灭火级别和数量不得小

于最小需配灭火级别和数量的计算值。

7.1.3　灭火器设置点的位置和数量应根据灭火器的最大保护距离确定，并应保证最不利点至少在1具灭火器的保护范围内。

二、《自动喷水灭火系统设计规范》GB 50084—2001，2005年版

5.0.1　民用建筑和工业厂房的系统设计参数不应低于表5.0.1的规定。

表 5.0.1　民用建筑和工业厂房的系统设计参数

火灾危险等级		净空高度（m）	喷水强度［L/（min·m²）］	作用面积（m²）
轻危险级		≤8	4	160
中危险级	Ⅰ级		6	
	Ⅱ级		8	
严重危险级	Ⅰ级		12	260
	Ⅱ级		16	

注：系统最不利点处喷头的工作压力不应低于0.05MPa。

5.0.1A　非仓库类高大净空场所设置自动喷水灭火系统时，湿式系统的设计基本参数不应低于表5.0.1A的规定。

表 5.0.1A　非仓库类高大净空场所的系统设计基本参数

适用场所	净空高度（m）	喷水强度［L/(min·m²)］	作用面积（m²）	喷头选型	喷头最大间距（m）
中庭、影剧院、音乐厅、单一功能体育馆等	8～12	6	260	$K=80$	3
会展中心、多功能体育馆、自选商场等	8～12	12	300	$K=115$	

注：1　喷头溅水盘与顶板的距离应符合7.1.3条的规定。
　　2　最大储物高度超过3.5m的自选商场应按16L/min·m² 确定喷水强度。
　　3　表中“～”两侧的数据，左侧为“大于”、右侧为“不大于”。

5.0.5　设置自动喷水灭火系统的仓库，系统设计基本参数应符合下列规定：

1　堆垛储物仓库不应低于表5.0.5-1、表5.0.5-2的规定；

2　货架储物仓库不应低于表5.0.5-3～表5.0.5-5的规定；

3　当Ⅰ级、Ⅱ级仓库中混杂储存Ⅲ级仓库的货品时，不应低于表5.0.5-6的规定；

4　货架储物仓库应采用钢制货架，并应采用通透层板，层板中通透部分的面积不应小于层板总面积的50%；

5　采用木制货架及采用封闭层板货架的仓库，应按堆垛储物仓库设计。

表5.0.5-1　堆垛储物仓库的系统设计基本参数

火灾危险等级	储物高度（m）	喷水强度［L/(min·m²)］	作用面积（m²）	持续喷水时间（h）
仓库危险级Ⅰ级	3.0～3.5	8	160	1.0
	3.5～4.5	8	200	1.5
	4.5～6.0	10		
	6.0～7.5	14		
仓库危险级Ⅱ级	3.0～3.5	10	200	2.0
	3.5～4.5	12		
	4.5～6.0	16		
	6.0～7.5	22		
注：本表及表5.0.5-3、表5.0.5-4适用于室内最大净空高度不超过9.0m的仓库。				

表5.0.5-2　分类堆垛储物的Ⅲ级仓库的系统设计基本参数

最大储物高度（m）	最大净空高度（m）	喷水强度［L/（min·m²)］			
		A	B	C	D
1.5	7.5	8.0			
3.5	4.5	16.0	16.0	12.0	12.0
	6.0	24.5	22.0	20.5	16.5
	9.5	32.5	28.5	24.5	18.5

续表 5.0.5-2

最大储物高度 (m)	最大净空高度 (m)	喷水强度［L/（min·m²)］			
		A	B	C	D
4.5	6.0	20.5	18.5	16.5	12.0
	7.5	32.5	28.5	24.5	18.5
6.0	7.5	24.5	22.5	18.5	14.5
	9.0	36.5	34.5	28.5	22.5
7.5	9.0	30.5	28.5	22.5	18.5

注：1　A—袋装与无包装的发泡塑料橡胶；B—箱装的发泡塑料橡胶；
　　C—箱装与袋装的不发泡塑料橡胶；D—无包装的不发泡塑料橡胶。
　2　作用面积不应小于 240m²。

表 5.0.5-3　单、双排货架储物仓库的系统设计基本参数

火灾危险等级	储物高度 (m)	喷水强度 [L/(min·m²)]	作用面积 (m²)	持续喷水时间 (h)
仓库危险级Ⅰ级	3.0～3.5	8	200	1.5
	3.5～4.5	12		
	4.5～6.0	18		
仓库危险级Ⅱ级	3.0～3.5	12	240	1.5
	3.5～4.5	15	280	2.0

表 5.0.5-4　多排货架储物仓库的系统设计基本参数

火灾危险等级	储物高度 (m)	喷水强度 [L/(min·m²)]	作用面积 (m²)	持续喷水时间 (h)
仓库危险级Ⅰ级	3.5～4.5	12	200	1.5
	4.5～6.0	18		
	6.0～7.5	12+1J		
仓库危险级Ⅱ级	3.0～3.5	12	200	1.5
	3.5～4.5	18		2.0
	4.5～6.0	12+1J		
	6.0～7.5	12+2J		

表 5.0.5-5 货架储物Ⅲ级仓库的系统设计基本参数

序号	室内最大净高(m)	货架类型	储物高度(m)	货顶上方净空(m)	顶板下喷头喷水强度[L/(min·m^2)]	货架内置喷头		
						层数	高度(m)	流量系数
1	—	单、双排	3.0～6.0	<1.5	24.5	—	—	—
2	≤6.5	单、双排	3.0～4.5	—	18.0	—	—	—
3	—	单、双、多排	3.0	<1.5	12.0	—	—	—
4	—	单、双、多排	3.0	1.5～3.0	18.0	—	—	—
5	—	单、双、多排	3.0～4.5	1.5～3.0	12.0	1	3.0	80
6	—	单、双、多排	4.5～6.0	<1.5	24.5	—	—	—
7	≤8.0	单、双、多排	4.5～6.0	—	24.5	—	—	—
8	—	单、双、多排	4.5～6.0	1.5～3.0	18.0	1	3.0	80
9	—	单、双、多排	6.0～7.5	<1.5	18.5	1	4.5	115
10	≤9.0	单、双、多排	6.0～7.5	—	32.5	—	—	—

注：1 持续喷水时间不应低于 2h，作用面积不应小于 200m^2。
2 序号 5 与序号 8：货架内设置一排货架内置喷头时，喷头的间距不应大于 3.0m；设置两排或多排货架内置喷头时，喷头的间距不应大于 3.0×2.4 (m)。
3 序号 9：货架内设置一排货架内置喷头时，喷头的间距不应大于 2.4m；设置两排或多排货架内置喷头时，喷头的间距不应大于 2.4×2.4 (m)。
4 设置两排和多排货架内置喷头时，喷头应交错布置。
5 货架内置喷头的最低工作压力不应低于 0.1MPa。
6 表中字母“J”表示货架内喷头，“J”前的数字表示货架内喷头的层数。

表 5.0.5-6 混杂储物仓库的系统设计基本参数

货品类别	储存方式	储物高度(m)	最大净空高度(m)	喷水强度[L/(min·m^2)]	作用面积(m^2)	持续喷水时间(h)
储物中包括沥青制品或箱装 A 组塑料橡胶	堆垛与货架	≤1.5	9.0	8	160	1.5
		1.5～3.0	4.5	12	240	2.0
		1.5～3.0	6.0	16	240	2.0
		3.0～3.5	5.0		240	2.0
	堆垛	3.0～3.5	8.0	16	240	2.0
	货架	1.5～3.5	9.0	8+1J	160	2.0

续表 5.0.5-6

货品类别	储存方式	储物高度（m）	最大净空高度（m）	喷水强度[L/（min·m²）]	作用面积（m²）	持续喷水时间（h）
储物中包括袋装A组塑料橡胶	堆垛与货架	≤1.5	9.0	8	160	1.5
		1.5～3.0	4.5	16	240	2.0
		3.0～3.5	5.0			
	堆垛	1.5～2.5	9.0	16	240	2.0
储物中包括袋装不发泡A组塑料橡胶	堆垛与货架	1.5～3.0	6.0	16	240	2.0
储物中包括袋装发泡A组塑料橡胶	货架	1.5～3.0	6.0	8+1J	160	2.0
储物中包括轮胎或纸卷	堆垛与货架	1.5～3.5	9.0	12	240	2.0

注：1　无包装的塑料橡胶视同纸袋、塑料袋包装。
　　2　货架内置喷头应采用与顶板下喷头相同的喷水强度，用水量应按开放6只喷头确定。

5.0.6　仓库采用早期抑制快速响应喷头的系统设计基本参数不应低于表5.0.6的规定。

表5.0.6　仓库采用早期抑制快速响应喷头的系统设计基本参数

储物类别	最大净空高度（m）	最大储物高度（m）	喷头流量系数 K	喷头最大间距（m）	作用面积内开放的喷头数（只）	喷头最低工作压力（MPa）
Ⅰ级、Ⅱ级、沥青制品、箱装不发泡塑料	9.0	7.5	200	3.7	12	0.35
			360			0.10
	10.5	9.0	200	3.0	12	0.50
			360			0.15
	12.0	10.5	200		12	0.50
			360			0.20
	13.5	12.0	360		12	0.30

续表 5.0.6

储物类别	最大净空高度（m）	最大储物高度（m）	喷头流量系数 K	喷头最大间距（m）	作用面积内开放的喷头数（只）	喷头最低工作压力（MPa）
袋装不发泡塑料	9.0	7.5	200	3.7	12	0.35
			240			0.25
	9.5	7.5	200		12	0.40
			240			0.30
	12.0	10.5	200	3.0	12	0.50
			240			0.35
箱装发泡塑料	9.0	7.5	200	3.7	12	0.35
	9.5	7.5	200		12	0.40
			240			0.30
注：快速响应早期抑制喷头在保护最大高度范围内，如有货架应为通透性层板。						

5.0.7　货架储物仓库的最大净空高度或最大储物高度超过本规范表 5.0.5-1～表 5.0.5-6、表 5.0.6 的规定时，应设货架内置喷头。宜在自地面起每 4m 高度处设置一层货架内置喷头。当喷头流量系数 $K=80$ 时，工作压力不应小于 0.20MPa；当 $K=115$ 时，工作压力不应小于 0.10MPa。喷头间距不应大于 3m，也不宜小于 2m。计算喷头数量不应小于表 5.0.7 的规定。货架内置喷头上方的层间隔板应为实层板。

表 5.0.7　货架内开放喷头数

仓库危险级	货架内置喷头的层数		
	1	2	>2
Ⅰ	6	12	14
Ⅱ	8	14	
Ⅲ	10		

6.2.7　连接报警阀进出口的控制阀应采用信号阀。当不采用信号阀时，控制阀应设锁定阀位的锁具。

6.5.1　每个报警阀组控制的最不利点喷头处，应设末端试水装置，其他防火分区、楼层均应设直径为25mm的试水阀。末端试水装置和试水阀应便于操作，且应有足够排水能力的排水设施。

7.1.3　除吊顶型喷头及吊顶下安装的喷头外，直立型、下垂型标准喷头，其溅水盘与顶板的距离，不应小于75mm，不应大于150mm。

1　当在梁或其他障碍物底面下方的平面上布置喷头时，溅水盘与顶板的距离不应大于300mm，同时溅水盘与梁等障碍物底面的垂直距离不应小于25mm，不应大于100mm。

2　当在梁间布置喷头时，应符合本规范7.2.1条的规定。确有困难时，溅水盘与顶板的距离不应大于550mm。

梁间布置的喷头，喷头溅水盘与顶板距离达到550mm仍不能符合7.2.1条规定时，应在梁底面的下方增设喷头。

3　密肋梁板下方的喷头，溅水盘与密肋梁板底面的垂直距离，不应小于25mm，不应大于100mm。

4　净空高度不超过8m的场所中，间距不超过4×4（m）布置的十字梁，可在梁间布置1只喷头，但喷水强度仍应符合表5.0.1的规定。

8.0.2　配水管道应采用内外壁热镀锌钢管或符合现行国家或行业标准，并同时符合本规范1.0.4条规定的涂覆其他防腐材料的钢管，以及铜管、不锈钢管。当报警阀入口前管道采用不防腐的钢管时，应在该段管道的末端设过滤器。

10.3.2　不设高位消防水箱的建筑，系统应设气压供水设备。气压供水设备的有效水容积，应按系统最不利处4只喷头在最低工作压力下的10min用水量确定。

干式系统、预作用系统设置的气压供水设备，应同时满足配水管道的充水要求。

12.0.1　局部应用系统适用于室内最大净空高度不超过8m的民用建筑中，局部设置且保护区域总建筑面积不超过1000m^{2}的湿式系统。

除本章规定外，局部应用系统尚应符合本规范其他章节的有关规定。

12.0.2 局部应用系统应采用快速响应喷头，喷水强度不应低于6L/（min·m^2），持续喷水时间不应低于0.5h。

12.0.3 局部应用系统保护区域内的房间和走道均应布置喷头。喷头的选型、布置和按开放喷头数确定的作用面积，应符合下列规定：

1 采用流量系数 K=80 快速响应喷头的系统，喷头的布置应符合中危险级Ⅰ级场所的有关规定，作用面积应符合表12.0.3 的规定。

表 12.0.3 局部应用系统采用流量系数 K=80 快速响应喷头时的作用面积

<table>
<tr><th colspan="2">保护区域总建筑面积和最大厅室建筑面积</th><th>开放喷头数</th></tr>
<tr><td colspan="2">保护区域总建筑面积超过 300m² 或
最大厅室建筑面积超过 200m²</td><td>10</td></tr>
<tr><td rowspan="3">保护区域
总建筑面积
不超过 300m²</td><td>最大厅室建筑面积不超过 200m²</td><td>8</td></tr>
<tr><td>最大厅室内喷头少于 6 只</td><td>大于最大厅室内
喷头数 2 只</td></tr>
<tr><td>最大厅室内喷头少于 3 只</td><td>5</td></tr>
</table>

2 采用 K=115 快速响应扩展覆盖喷头的系统，同一配水支管上喷头的最大间距和相邻配水支管的最大间距，正方形布置时不应大于4.4m，矩形布置时长边不应大于4.6m，喷头至墙的距离不应大于2.2m，作用面积应按开放喷头数不少于6只确定。

三、《泡沫灭火系统设计规范》GB 50151—2010

3.1.1 泡沫液、泡沫消防水泵、泡沫混合液泵、泡沫液泵、泡沫比例混合器（装置）、压力容器、泡沫产生装置、火灾探测与启动控制装置、控制阀门及管道等，必须采用经国家产品监督检验机构检验合格的产品，且必须符合系统设计要求。

3.2.1　非水溶性甲、乙、丙类液体储罐低倍数泡沫液的选择，应符合下列规定：

1　当采用液上喷射系统时，应选用蛋白、氟蛋白、成膜氟蛋白或水成膜泡沫液；

2　当采用液下喷射系统时，应选用氟蛋白、成膜氟蛋白或水成膜泡沫液；

3　当选用水成膜泡沫液时，其抗烧水平不应低于现行国家标准《泡沫灭火剂》GB 15308 规定的 C 级。

3.2.2　**2**　当采用非吸气性喷射装置时，应选用水成膜或成膜氟蛋白泡沫液。

3.2.3　水溶性甲、乙、丙液体和其他对普通泡沫有破坏作用的甲、乙、丙液体，以及用一套系统同时保护水溶性和非水溶性甲、乙、丙液体的，必须选用抗溶泡沫液。

3.2.5　高倍数泡沫灭火系统利用热烟气发泡时，应采用耐温耐烟型高倍数泡沫液。

3.2.6　当采用海水作为系统水源时，必须选择适用于海水的泡沫液。

3.3.2　**1**　泡沫液泵的工作压力和流量应满足系统最大设计要求，并应与所选比例混合装置的工作压力范围和流量范围相匹配，同时应保证在设计流量范围内泡沫液供给压力大于最大水压力；

2　泡沫液泵的结构形式、密封或填充类型应适宜输送所选的泡沫液，其材料应耐泡沫液腐蚀且不影响泡沫液的性能；

3　应设置备用泵，备用泵的规格型号应与工作泵相同，且工作泵故障时应能自动与手动切换到备用泵；

4　泡沫液泵应能耐受不低于 10min 的空载运转；

3.7.1　泡沫灭火系统中所用的控制阀门应有明显的启闭标志。

3.7.6　泡沫液管道应采用不锈钢管。

3.7.7　当寒冷季节有冰冻的地区，泡沫灭火系统的湿式管道应采取防冻措施。

4.1.2 储罐区低倍数泡沫灭火系统的选择，应符合下列规定：

1 非水溶性甲、乙、丙类液体固定顶储罐，应选用液上喷射、液下喷射或半液下喷射系统；

2 水溶性甲、乙、丙类液体和其他对普通泡沫有破坏作用的甲、乙、丙类液体固定顶储罐，应选用液上喷射系统或半液下喷射系统；

3 外浮顶和内浮顶储罐应选用液上喷射系统；

4 非水溶性液体外浮顶储罐、内浮顶储罐、直径大于 18m 的固定顶储罐及水溶性甲、乙、丙类液体立式储罐，不得选用泡沫炮作为主要灭火设施；

5 高度大于 7m 或直径大于 9m 的固定顶储罐，不得选用泡沫枪作为主要灭火设施。

4.1.3 储罐区泡沫灭火系统扑救一次火灾的泡沫混合液设计用量，应按罐内用量、该罐辅助泡沫枪用量、管道剩余量三者之和最大的储罐确定。

4.1.4 设置固定式泡沫灭火系统的储罐区，应配置用于扑救液体流散火灾的辅助泡沫枪，泡沫枪的数量及其泡沫混合液连续供给时间不应小于表 4.1.4 的规定。每支辅助泡沫枪的泡沫混合液流量不应小于 240L/min。

表 4.1.4 泡沫枪数量及其泡沫混合液连续供给时间

储罐直径（m）	配备泡沫枪数（支）	连续供给时间（min）
≤10	1	10
>10 且≤20	1	20
>20 且≤30	2	20
>30 且≤40	2	30
>40	3	30

4.1.10 固定式泡沫灭火系统的设计应满足在泡沫消防水泵或泡

沫混合液泵启动后，将泡沫混合液或泡沫输送到保护对象的时间不大于5min。

4.2.1　固定顶储罐的保护面积应按其横截面积确定。

4.2.2　**1**　非水溶性液体储罐液上喷射系统，其泡沫混合液供给强度和连续供给时间不应小于表4.2.2-1的规定；

表4.2.2-1　泡沫混合液供给强度和连续供给时间

系统形式	泡沫液种类	供给强度［L/（min·m²）］	连续供给时间（min）	
			甲、乙类液体	丙类液体
固定式、半固定式系统	蛋白	6.0	40	30
	氟蛋白、水成膜、成膜氟蛋白	5.0	45	30
移动式系统	蛋白、氟蛋白	8.0	60	45
	水成膜、成膜氟蛋白	6.5	60	45

注：1　如果采用大于本表规定的混合液供给强度，混合液连续供给时间可按相应的比例缩短，但不得小于本表规定时间的80%。

2　沸点低于45℃的非水溶性液体，设置泡沫灭火系统的适用性及其泡沫混合液供给强度，应由试验确定。

2　非水溶性液体储罐液下或半液下喷射系统，其泡沫混合液供给强度不应小于5.0L/（min·m²）、连续供给时间不应小于40min；

注：沸点低于45℃的非水溶性液体、储存温度超过50℃或黏度大于40mm²/s的非水溶性液体，液下喷射系统的适用性及其泡沫混合液供给强度，应由试验确定。

4.2.6　**1**　每个泡沫产生器应用独立的混合液管道引至防火堤外；

2　除立管外，其他泡沫混合液管道不得设置在罐壁上。

4.3.2　非水溶性液体的泡沫混合液供给强度不应小于12.5L/（min·m²），连续供给时间不应小于30min，单个泡沫产生器的最大保护周长应符合表4.3.2的规定。

表 4.3.2　单个泡沫产生器的最大保护周长

<table>
<tr><th>泡沫喷射口设置部位</th><th colspan="2">堰板高度（m）</th><th>保护周长（m）</th></tr>
<tr><td rowspan="3">罐壁顶部、密封或挡雨板上方</td><td>软密封</td><td>≥0.9</td><td>24</td></tr>
<tr><td rowspan="2">机械密封</td><td><0.6</td><td>12</td></tr>
<tr><td>≥0.6</td><td>24</td></tr>
<tr><td rowspan="2">金属挡雨板下部</td><td colspan="2"><0.6</td><td>18</td></tr>
<tr><td colspan="2">≥0.6</td><td>24</td></tr>
</table>

注：当采用从金属挡雨板下部喷射泡沫的方式时，其挡雨板必须是不含任何可燃材料的金属板。

4.4.2　1　泡沫堰板与罐壁的距离不应小于 0.55m，其高度不应小于 0.5m；

2　单个泡沫产生器保护周长不应大于 24m；

3　非水溶性液体的泡沫混合液供给强度不应小于 12.5L/(min·m²)；

5　混合液连续供给时间不应小于 30min。

6.1.2　全淹没系统或固定式局部应用系统应设置火灾自动报警系统，并应符合下列规定：

1　全淹没系统应同时具备自动、手动和应急机械手动启动功能；

2　自动控制的固定式局部应用系统应同时具备手动和应急机械手动启动功能；手动控制的固定式局部应用系统尚应具备应急机械手动启动功能；

3　消防控制中心（室）和防护区应设置声光报警装置；

6.2.2　全淹没系统的防护区应为封闭或设置灭火所需的固定围挡的区域，且应符合下列规定：

1　泡沫的围挡应为不燃结构，且应在系统设计灭火时间内具备围挡泡沫的能力；

2　在保证人员撤离的前提下，门、窗等位于设计淹没深度以下的开口，应在泡沫喷放前或泡沫喷放的同时自动关闭；对于不能自动关闭的开口，全淹没系统应对其泡沫损失进行相应补偿；

3 利用防护区外部空气发泡的封闭空间，应设置排气口，排气口的位置应避免燃烧产物或其他有害气体回流到高倍数泡沫产生器进气口；

6.2.3 泡沫淹没深度的确定应符合下列规定：

1 当用于扑救A类火灾时，泡沫淹没深度不应小于最高保护对象高度的1.1倍，且应高于最高保护对象最高点0.6m；

2 当用于扑救B类火灾时，汽油、煤油、柴油或苯火灾的泡沫淹没深度应高于起火部位2m；其他B类火灾的泡沫淹没深度应由试验确定。

6.2.5 泡沫的淹没时间不应超过表6.2.5的规定。系统自接到火灾信号至开始喷放泡沫的延时不应超过1min。

表6.2.5　泡沫的淹没时间（min）

可　燃　物	高倍数泡沫灭火系统单独使用	高倍数泡沫灭火系统与自动喷水灭火系统联合使用
闪点不超过40℃的非水溶性液体	2	3
闪点超过40℃的非水溶性液体	3	4
发泡橡胶、发泡塑料、成卷的织物或皱纹纸等低密度可燃物	3	4
成卷的纸、压制牛皮纸、涂料纸、纸板箱，纤维圆筒、橡胶轮胎等高密度可燃物	5	7

注：水溶性液体的淹没时间应由试验确定。

6.2.7 泡沫液和水的连续供给时间应符合下列规定：

1 当用于扑救A类火灾时，不应小于25min；

2 当用于扑救B类火灾时，不应小于15min。

6.3.3 当用于扑救A类火灾或B类火灾时，泡沫供给速率应符合下列规定：

1 覆盖A类火灾保护对象最高点的厚度不应小于0.6m；

2 对于汽油、煤油、柴油或苯，覆盖起火部位的厚度不应小于 2m；其他 B 类火灾的泡沫覆盖厚度应由试验确定；

3 达到规定覆盖厚度的时间不应大于 2min。

6.3.4 当用于扑救 A 类火灾和 B 类火灾时，其泡沫液和水的连续供给时间不应小于 12min。

7.1.3 泡沫-水喷淋系统泡沫混合液与水的连续供给时间，应符合下列规定：

1 泡沫混合液连续供给时间不应小于 10min；

2 泡沫混合液与水的连续供给时间之和不应小于 60min。

7.2.1 泡沫-水喷淋系统的保护面积应按保护场所内的水平面面积或水平面投影面积确定。

7.2.2 当保护非水溶性液体时，其泡沫混合液供给强度不应小于表 7.2.2 的规定；当保护水溶性液体时，其混合液供给强度和连续供给时间应由试验确定。

表 7.2.2 泡沫混合液供给强度

泡沫液种类	喷头设置高度（m）	泡沫混合液供给强度［L/（min·m²）］
蛋白、氟蛋白	≤10	8
	＞10	10
水成膜、成膜氟蛋白	≤10	6.5
	＞10	8

7.3.5 闭式泡沫一水喷淋系统的供给强度不应小于 6.5L/（min·m²）。

7.3.6 闭式泡沫一水喷淋系统输送的泡沫混合液应在 8L/s 至最大设计流量范围内达到额定的混合比。

8.1.5 泡沫消防泵站内应设置水池（罐）水位指示装置。泡沫消防泵站应设置与本单位消防站消防保卫部门直接联络的通讯设备。

8.1.6 当泡沫比例混合装置设置在泡沫消防泵站内无法满足本

规范第4.1.10条的规定时，应设置泡沫站，且泡沫站的设置应符合下列规定：

1　严禁将泡沫站设置在防火堤内、围堰内、泡沫灭火系统保护区或其他火灾及爆炸危险区域内；

2　当泡沫站靠近防火堤设置时，其与各甲、乙、丙类液体储罐罐壁的间距应大于20m，且应具备远程控制功能；

3 当泡沫站设置在室内时，其建筑耐火等级不应低于二级。

8.2.3　泡沫灭火系统水源的水量应满足系统最大设计流量和供给时间的要求。

9.1.1　储罐内泡沫灭火系统的泡沫混合液设计流量，应按储罐上设置的泡沫产生器或高背压泡沫产生器与该储罐辅助泡沫枪的流量之和计算，且应按流量之和最大的储罐确定。

9.1.3　泡沫一水雨淋系统的设计流量，应按雨淋阀控制的喷头的流量之和确定。多个雨淋阀并联的雨淋系统，其系统设计流量应按同时启用雨淋阀的流量之和的最大值确定。

四、《固定消防炮灭火系统设计规范》GB 50338—2003

3.0.1　系统选用的灭火剂应和保护对象相适应，并应符合下列规定：

1　泡沫炮系统适用于甲、乙、丙类液体、固体可燃物火灾场所；

2　干粉炮系统适用于液化石油气、天然气等可燃气体火灾场所；

3　水炮系统适用于一般固体可燃物火灾场所；

4　水炮系统和泡沫炮系统不得用于扑救遇水发生化学反应而引起燃烧、爆炸等物质的火灾。

4.1.6　水炮系统和泡沫炮系统从启动至炮口喷射水或泡沫的时间不应大于5min，干粉炮系统从启动至炮口喷射干粉的时间不应大于2min。

4.2.1　室内消防炮的布置数量不应少于两门，其布置高度应保证消防炮的射流不受上部建筑构件的影响，并应能使两门水炮的水射流同时到达被保护区域的任一部位。

室内系统应采用湿式给水系统，消防炮位处应设置消防水泵启动按钮。

设置消防炮平台时，其结构强度应能满足消防炮喷射反力的要求，结构设计应能满足消防炮正常使用的要求。

4.2.2　室外消防炮的布置应能使消防炮的射流完全覆盖被保护场所及被保护物，且应满足灭火强度及冷却强度的要求。

1　消防炮应设置在被保护场所常年主导风向的上风方向；

2　当灭火对象高度较高、面积较大时，或在消防炮的射流受到较高大障碍物的阻挡时，应设置消防炮塔。

4.3.1　水炮的设计射程和设计流量应符合下列规定：

1　水炮的设计射程应符合消防炮布置的要求。室内布置的水炮的射程应按产品射程的指标值计算，室外布置的水炮的射程应按产品射程指标值的90%计算。

2　当水炮的设计工作压力与产品额定工作压力不同时，应在产品规定的工作压力范围内选用。

4　当上述计算的水炮设计射程不能满足消防炮布置的要求时，应调整原设定的水炮数量、布置位置或规格型号，直至达到要求。

4.3.3　水炮系统灭火及冷却用水的连续供给时间应符合下列规定：

1　扑救室内火灾的灭火用水连续供给时间不应小于1.0h；

2　扑救室外火灾的灭火用水连续供给时间不应小于2.0h；

4.3.4　水炮系统灭火及冷却用水的供给强度应符合下列规定：

1　扑救室内一般固体物质火灾的供给强度应符合国家有关标准的规定，其用水量应按两门水炮的水射流同时到达防护区任一部位的要求计算。民用建筑的用水量不应小于40L/s，工业建筑的用水量不应小于60L/s；

4.3.6　水炮系统的计算总流量应为系统中需要同时开启的水炮

设计流量的总和，且不得小于灭火用水计算总流量及冷却用水计算总流量之和。

5.6.1 当消防泵出口管径大于 300mm 时，不应采用单一手动启闭功能的阀门。阀门应有明显的启闭标志，远控阀门应具有快速启闭功能，且密封可靠。

5.6.2 常开或常闭的阀门应设锁定装置，控制阀和需要启闭的阀门应设启闭指示器。参与远控炮系统联动控制的控制阀，其启闭信号应传至系统控制室。

5.7.1 消防炮塔应具有良好的耐腐蚀性能，其结构强度应能同时承受使用场所最大风力和消防炮喷射反力。消防炮塔的结构设计应能满足消防炮正常操作使用的要求。

5.7.3 室外消防炮塔应设有防止雷击的避雷装置、防护栏杆和保护水幕；保护水幕的总流量不应小于 6L/s。

6.1.4 系统配电线路应采用经阻燃处理的电线、电缆。

6.2.4 工作消防泵组发生故障停机时，备用消防泵组应能自动投入运行。

五、《干粉灭火系统设计规范》GB 50347—2004

1.0.5 干粉灭火系统不得用于扑救下列物质的火灾：

1　硝化纤维、炸药等无空气仍能迅速氧化的化学物质与强氧化剂。

2　钾、钠、镁、钛、锆等活泼金属及其氢化物。

3.1.2 采用全淹没灭火系统的防护区，应符合下列规定：

1　喷放干粉时不能自动关闭的防护区开口，其总面积不应大于该防护区总内表面积的 15%，且开口不应设在底面。

3.1.3 采用局部应用灭火系统的保护对象，应符合下列规定：

1　保护对象周围的空气流动速度不应大于 2m/s。必要时，应采取挡风措施。

2　在喷头和保护对象之间，喷头喷射角范围内不应有遮挡物。

3 当保护对象为可燃液体时，液面至容器缘口的距离不得小于 150mm。

3.1.4 当防护区或保护对象有可燃气体，易燃、可燃液体供应源时，启动干粉灭火系统之前或同时，必须切断气体、液体的供应源。

3.2.3 全淹没灭火系统的干粉喷射时间不应大于 30s。

3.3.2 室内局部应用灭火系统的干粉喷射时间不应小于 30s；室外或有复燃危险的室内局部应用灭火系统的干粉喷射时间不应小于 60s。

3.4.3 一个防护区或保护对象所用预制灭火装置最多不得超过 4 套，并应同时启动，其动作响应时间差不得大于 2s。

5.1.1 干粉储存容器应符合国家现行标准《压力容器安全技术监察规程》的规定；驱动气体储瓶及其充装系数应符合国家现行标准《气瓶安全监察规程》的规定；

5.2.6 喷头的单孔直径不得小于 6mm。

5.3.1 管道及附件应能承受最高环境温度下工作压力，并应符合下列规定：7 管道分支不应使用四通管件。

7.0.2 防护区的走道和出口，必须保证人员能在 30s 内安全疏散。

7.0.3 防护区的门应向疏散方向开启，并应能自动关闭，在任何情况下均应能在防护区内打开。

7.0.7 当系统管道设置在有爆炸危险的场所时，管网等金属件应设防静电接地，防静电接地设计应符合国家现行有关标准规定。

六、《气体灭火系统设计规范》GB 50370—2005

3.1.4 两个或两个以上的防护区采用组合分配系统时，一个组合分配系统所保护的防护区不应超过 8 个。

3.1.5 组合分配系统的灭火剂储存量，应按储存量最大的防护区确定。

3.1.15　同一防护区内的预制灭火系统装置多于1台时，必须能同时启动，其动作响应时差不得大于2s。

3.1.16　单台热气溶胶预制灭火系统装置的保护容积不应大于160m^3；设置多台装置时，其相互间的距离不得大于10m。

3.2.7　防护区应设置泄压口，七氟丙烷灭火系统的泄压口应位于防护区净高的2/3以上。

3.2.9　喷放灭火剂前，防护区内除泄压口外的开口应能自行关闭。

3.3.1　七氟丙烷灭火系统的灭火设计浓度不应小于灭火浓度的1.3倍，惰化设计浓度不应小于惰化浓度的1.1倍。

3.3.7　在通讯机房和电子计算机房等防护区，设计喷放时间不应大于8s；在其他防护区，设计喷放时间不应大于10s。

3.3.16　七氟丙烷气体灭火系统的喷头工作压力的计算结果，应符合下列规定：

1　一级增压储存容器的系统 $P_c \geqslant 0.6$（MPa，绝对压力）；
二级增压储存容器的系统 $P_c \geqslant 0.7$（MPa，绝对压力）；
三级增压储存容器的系统 $P_c \geqslant 0.8$（MPa，绝对压力）。

2　$P_c \geqslant P_m/2$（MPa，绝对压力）。

3.4.1　IG541混合气体灭火系统的灭火设计浓度不应小于灭火浓度的1.3倍，惰化设计浓度不应小于惰化浓度的1.1倍。

3.4.3　当IG541混合气体灭火剂喷放至设计用量的95%时，其喷放时间不应大于60s，且不应小于48s。

3.5.1　热气溶胶预制灭火系统的灭火设计密度不应小于灭火密度的1.3倍。

3.5.5　在通讯机房、电子计算机房等防护区，灭火剂喷放时间不应大于90s，喷口温度不应大于150℃；在其他防护区，喷放时间不应大于120s，喷口温度不应大于180℃。

4.1.3　储存装置的储存容器与其他组件的公称工作压力，不应小于在最高环境温度下所承受的工作压力。

4.1.4　在储存容器或容器阀上，应设安全泄压装置和压力表。

组合分配系统的集流管，应设安全泄压装置。安全泄压装置的动作压力，应符合相应气体灭火系统的设计规定。

4.1.8 喷头的布置应满足喷放后气体灭火剂在防护区内均匀分布的要求。当保护对象属可燃液体时，喷头射流方向不应朝向液体表面。

4.1.10 系统组件与管道的公称工作压力，不应小于在最高环境温度下所承受的工作压力。

5.0.2 管网灭火系统应设自动控制、手动控制和机械应急操作三种启动方式。预制灭火系统应设自动控制和手动控制两种启动方式。

5.0.4 灭火设计浓度或实际使用浓度大于无毒性反应浓度（NOAEL浓度）的防护区和采用热气溶胶预制灭火系统的防护区，应设手动与自动控制的转换装置。当人员进入防护区时，应能将灭火系统转换为手动控制方式；当人员离开时，应能恢复为自动控制方式。防护区内外应设手动、自动控制状态的显示装置。

5.0.8 气体灭火系统的电源，应符合国家现行有关消防技术标准的规定；采用气动力源时，应保证系统操作和控制需要的压力和气量。

6.0.1 防护区应有保证人员在30s内疏散完毕的通道和出口。

6.0.3 防护区的门应向疏散方向开启，并能自行关闭；用于疏散的门必须能从防护区内打开。

6.0.4 灭火后的防护区应通风换气，地下防护区和无窗或设固定窗扇的地上防护区，应设置机械排风装置，排风口宜设在防护区的下部并应直通室外。通信机房、电子计算机房等场所的通风换气次数应不少于每小时5次。

6.0.6 经过有爆炸危险和变电、配电场所的管网，以及布设在以上场所的金属箱体等，应设防静电接地。

6.0.7 有人工作防护区的灭火设计浓度或实际使用浓度，不应大于有毒性反应浓度（LOAEL浓度），该值应符合本规范附录

G 的规定。

6.0.8　防护区内设置的预制灭火系统的充压压力不应大于 2.5MPa。

6.0.10　热气溶胶灭火系统装置的喷口前 1.0m 内，装置的背面、侧面、顶部 0.2m 内不应设置或存放设备、器具等。

第三节　消　防　验　收

一、《火灾自动报警系统施工及验收规范》GB 50166—2007

1.0.3　火灾自动报警系统在交付使用前必须经过验收。

2.1.5　火灾自动报警系统的施工，应按照批准的工程设计文件和施工技术标准进行。不得随意变更。确需更改设计时，应由原设计单位负责更改。

2.1.8　火灾自动报警系统施工前，应对设备、材料及配件进行现场检查，检查不合格者不得使用。

2.2.1　设备、材料及配件进入施工现场应有清单、使用说明书、质量合格证明文件、国家法定质检机构的检验报告等文件。火灾自动报警系统中的强调认证（认可）产品还应有认证（认可）证书和认证（认可）标识。

2.2.2　火灾自动报警系统的主要设备应是通过国家认证（认可）的产品。产品的名称、型号、规格应与检验报告一致。

3.2.4　火灾自动报警系统应单独布线，系统内不同电压等级、不同电流类别的线路，不应布在同一管内或线槽的同一槽孔内。

5.1.1　火灾自动报警系统竣工后，建设单位应负责组织施工、设计、监理等单位进行验收。验收不合格不得投入使用。

5.1.3　对系统中下列装置的安装位置、施工质量和功能等应进行验收。

　　1　火灾报警系统装置（包括各种火灾探测器、手动火灾报警按钮、火灾报警控制器和区域显示器等）；

2　消防联动控制系统（含消防联动控制器、气体灭火控制器、消防电气控制装置、消防应急设备电源消防应急广播设备、消防电话、传输设备、消防控制中心图形显示装置、模块、消防电动装置、消火栓按钮等设备）；

3　自动灭火系统控制装置（包括自动喷水、气体、干粉、泡沫等固定灭火系统的控制装置）；

4　消火栓系统的控制装置；

5　通风空调、防烟排烟及电动防火阀等控制装置；

6　电动防火门控制装置、防火卷帘控制器；

7　消防电梯和非消防电梯的回降控制装置；

8　火灾警报装置；

9　火灾应急照明和疏散指示控制装置；

10　切断非消防电源的控制装置；

11　电动阀控制装置；

12　消防联网通信；

13　系统内的其他消防控制装置。

5.1.4　按现行国家标准《火灾自动报警系统设计规范》GB 50116 设计的各项系统功能进行验收。

5.1.5　系统中各装置的安装位置、施工质量和功能等的验收数量应满足下列要求。

1　各种消防用电设备主、备电源的自动转换装置，应进行3次转换试验，每次试验均为正常。

2　火灾报警控制器（含可燃气体报警控制器）和消防联动控制器应按实际安装数量全部进行功能检验。消防联动控制系统中其他各种用电设备、区域显示器应按下列要求进行功能检验：

1）实际安装数量在5台以下者，全部检验；

2）实际安装数量在6～10台者，抽验5台；

3）实际安装数量超过10台者，应按实际安装数量30%～50%的比例抽验，但抽验总数不得少于5台；

4）各装置的安装位置、型号、数量、类别及安装质量应符合设计要求。

3 火灾探测器（含可燃气体探测器）和手动火灾报警按钮，应按下列要求进行模拟火灾响应（可燃气体报警）和故障信号检验：

1）实际安装数量在100只以下者，抽验20只（每个回路都应抽验）；

2）实际安装数量超过100只，每个回路按实际安装数量10%～20%的比例抽验，但抽验总数不应少于20只；

3）被检查的火灾探测器的类别、型号、适用场所、安装高度、保护半径、保护面积和探测器的间距等均应符合设计要求。

4 室内消火栓的功能验收应在出水压力符合现行国家有关建筑设计防火规范的条件下，抽验下列控制功能：

1）在消防控制室内操作启、停泵1～3次；

2）消火栓处操作启泵按钮，按实际安装数量5%～10%比例抽验。

5 自动喷水灭火系统，应在符合现行国家标准《自动喷水灭火系统设计规范》GB 50084的条件下，抽验下列控制功能：

1）在消防控制室内操作启、停泵1～3次；

2）水流指示器、信号阀等按实际安装数量的30%～50%的比例抽验；

3）压力开关、电动阀、电磁阀等按安装的实际数量进行检验。

6 气体、泡沫、干粉等灭火系统，应在符合国家现行有关系统设计规范的条件下按实际安装数量的20%～30%的比例进行抽验下列控制功能：

1）自动、手动启动和紧急切断电源试验1～3次；

2）与固定灭火设备联动控制的其他设备动作（包括关闭防火门窗、停止空调风机、关闭防火阀等）试验1～

3 次。

7　电动防火门、防火卷帘，5 樘以下的应全部检验，超过 5 樘的应按实际数量 20％的比例抽验，但抽验总数不应少于 5 樘，并抽验联动控制功能。

8　防烟排烟风机应全部检验，通风空调和防排烟设备的阀门，应按安装数量 10％～20％的比例抽验，并抽验联动功能，且应符合下列要求：

1）报警联动启动、消防控制室直接启停、现场手动启动联动防烟排烟风机 1～3 次；

2）报警联动停、消防控制室远程停通风空调送风 1～3 次；

3）报警联动开启、消防控制室开启、现场手动开启防排烟阀门 1～3 次。

9　消防电梯应进行 1～2 次手动控制和联动控制功能检验，非消防电梯应进行 1～2 次联动返回首层功能检验，其控制功能、信号均为正常。

10　火灾应急广播设备，应按实际安装数量的 10％～20％的比例进行下列功能检验。

1）对所有广播分区进行选区广播，对共用扬声器进行强行切换；

2）对扩音机和备用扩音机进行全负荷试验；

3）检查应急广播的逻辑工作和联动功能。

11　消防专用电话的检验，应符合下列要求：

1）消防控制室与所设的对讲机电话分机进行 1～3 次通话试验；

2）电话插孔按实际安装数量 10％～20％的比例进行通话试验；

3）消防控制室的外线电话与另一部外线电话模拟报警电话进行 1～3 次通话试验。

12　消防应急照明和疏散指示系统控制装置应进行 1～3 次

使系统转入应急状态检验，系统中各消防应急照明灯具均应能转入应急状态。

5.1.7　系统工程质量验收判定标准应符合下列要求：

1　系统内的设备及配件规格型号与设计不符、无国家相关证书和检验报告的，系统内的任一控制器和火灾探测器无法发出报警信号，无法实现要求的联动功能的，定为A类不合格。

2　验收前提供资料不符合本规范第5.2.1条要求的，定为B类不合格。

3　除1、2款规定的A、B类不合格外，其余不合格项均为C类不合格。

4　系统验收合格判定应为：$A=0$，且$B\leqslant2$，且$B+C\leqslant$检查项的5%为合格，否则为不合格。

二、《自动喷水灭火系统施工及验收规范》GB 50261—2005

3.1.2　自动喷水灭火系统的施工必须由具有相应等级资质的施工队伍承担。

3.2.3　喷头的现场检验应符合下列要求：

1　喷头的商标、型号、公称动作温度、响应时间指数(RTI)、制造厂及生产日期等标志应齐全；

2　喷头的型号、规格等应符合设计要求；

3　喷头外观应无加工缺陷和机械损伤；

4　喷头螺纹密封面应无伤痕、毛刺、缺丝或断丝现象；

5　闭式喷头应进行密封性能试验，以无渗漏、无损伤为合格。试验数量宜从每批中抽查1%，但不得少于5只，试验压力应为3.0MPa；保压时间不得少于3min。当两只及两只以上不合格时，不得使用该批喷头。当仅有一只不合格时，应再抽查2%，但不得少于10只，并重新进行密封性能试验；当仍有不合格时，亦不得使用该批喷头。

5.2.1　喷头安装应在系统试压、冲洗合格后进行。

5.2.2　喷头安装时，不得对喷头进行拆装、改动，并严禁给喷头附加任何装饰性涂层。

5.2.3 喷头安装应使用专用扳手，严禁利用喷头的框架施拧；喷头的框架、溅水盘产生变形或释放原件损伤时，应采用规格、型号相同的喷头更换。

6.1.1 管网安装完毕后，应对其进行强度试验、严密性试验和冲洗。

8.0.1 系统竣工后，必须进行工程验收，验收不合格不得投入使用。

8.0.13 系统工程质量验收判定条件：

1 系统工程质量缺陷应按本规范附录F要求划分为：严重缺陷项（A），重缺陷项（B），轻缺陷项（C）。

2 系统验收合格判定应为：$A=0$，且 $B\leqslant 2$，且 $B+C\leqslant 6$ 为合格，否则为不合格。

三、《气体灭火系统施工及验收规范》GB 50263—2007

3.0.8 气体灭火系统工程施工质量不符合要求时，应按下列规定处理：

3 经返工或更换系统组件、成套装置的工程，仍不符合要求时，严禁验收。

4.2.1 管材、管道连接件的品种、规格、性能等应符合相应产品标准和设计要求。

4.2.4 对属于下列情况之一的灭火剂、管材及管道连接件，应抽样复验，其复验结果应符合国家现行产品标准和设计要求。

1 设计有复验要求的。

2 对质量有疑义的。

4.3.2 灭火剂储存容器及容器阀、单向阀、连接管、集流管、安全泄放装置、选择阀、阀驱动装置、喷嘴、信号反馈装置、检漏装置、减压装置等系统组件应符合下列规定：

1 品种、规格、性能等应符合国家现行产品标准和设计要求。

2 设计有复验要求或对质量有疑义时，应抽样复验，复验结果应符合国家现行产品标准和设计要求。

5.2.2 灭火剂储存装置安装后，泄压装置的泄压方向不应朝向操作面。低压二氧化碳灭火系统的安全阀应通过专用的泄压管接到室外。

5.2.7 集流管上的泄压装置的泄压方向不应朝向操作面。

5.4.6 气动驱动装置的管道安装后应做气压严密性试验，并合格。

5.5.4 灭火剂输送管道安装完毕后，应进行强度试验和气压严密性试验，并合格。

6.1.5 调试项目应包括模拟启动试验、模拟喷气试验和模拟切换操作试验，并应按本规范表 B-4 填写施工过程检查记录。

7.1.2 系统工程验收应按本规范表 D-1 进行资料核查；并按本规范表 D-2 进行工程质量验收，验收项目有 1 项为不合格时判定系统为不合格。

8.0.3 应按检查类别规定对气体灭火系统进行检查，并按本规范表 F 做好检查记录。检查中发现的问题应及时处理。

四、《泡沫灭火系统施工及验收规范》GB 50281—2006

4.2.1 泡沫液进场应由监理工程师组织，现场取样留存。

4.2.6 对属于下列情况之一的管材及管件，应由监理工程师抽样，并由具备相应资质的检测单位进行检测复验，其复验结果应符合国家现行有关产品标准和设计要求。

1 设计上有复验要求的。

2 对质量有疑义的。

4.3.3 泡沫产生装置、泡沫比例混合器（装置）、泡沫液压力储罐、消防泵、泡沫消火栓、阀门、压力表、管道过滤器、金属软管等系统组件应符合下列规定：

1 其规格、型号、性能应符合国家现行产品标准和设计要求。

2 设计上有复验要求或对质量有疑义时，应由监理工程师抽样，并由具有相应资质的检测单位进行检测复验，其复验结果应符合国家现行产品标准和设计要求。

5.2.6 内燃机驱动的消防泵，其内燃机排气管的安装应符合设计要求，当设计无规定时，应采用直径相同的钢管连接后通向室外。

5.3.4 设在泡沫泵站外的泡沫液压力储罐的安装应符合设计要求，并应根据环境条件采取防晒、防冻和防腐等措施。

5.5.1 管道的安装应符合下列规定：

3 埋地管道安装应符合下列规定：

1) 埋地管道的基础应符合设计要求；

2) 埋地管道安装前应做好防腐，安装时不应损坏防腐层；

3) 埋地管道采用焊接时，焊缝部位应在试压合格后进行防腐处理；

4) 埋地管道在回填前应进行隐蔽工程验收，合格后及时回填，分层夯实，并应按本规范表 B.0.3 进行记录。

7 管道安装完毕应进行水压试验，并应符合下列规定：

1) 试验应采用清水进行，试验时，环境温度不应低于5℃；当环境温度低于5℃时，应采取防冻措施；

2) 试验压力应为设计压力的1.5倍；

3) 试验前应将泡沫产生装置、泡沫比例混合器（装置）隔离；

4) 试验合格后，应按本规范表 B.0.2-4 记录。

5.5.6 阀门的安装应符合下列规定：

2 具有遥控、自动控制功能的阀门安装，应符合设计要求；当设置在有爆炸和火灾危险的环境时，应按相关标准安装。

6.2.6 泡沫灭火系统的调试应符合下列规定：

1 当为手动灭火系统时，应以手动控制的方式进行一次喷水试验；当为自动灭火系统时，应以手动和自动控制的方式各进行一次喷水试验，其各项性能指标均应达到设计要求。

2　低、中倍数泡沫灭火系统按本条第 1 款的规定喷水试验完毕，将水放空后，进行喷泡沫试验；当为自动灭火系统时，应以自动控制的方式进行；喷射泡沫的时间不应小于 1min；实测泡沫混合液的混合比和泡沫混合液的发泡倍数及到达最不利点防护区或储罐的时间和湿式联用系统自喷水至喷泡沫的转换时间应符合设计要求。

3　高倍数泡沫灭火系统按本条第 1 款的规定喷水试验完毕，将水放空后，应以手动或自动控制的方式对防护区进行喷泡沫试验，喷射泡沫的时间不应小于 30s，实测泡沫混合液的混合比和泡沫供给速率及自接到火灾模拟信号至开始喷泡沫的时间应符合设计要求。

7.1.3　泡沫灭火系统验收应按本规范表 B.0.5 记录；系统功能验收不合格则判定为系统不合格，不得通过验收。

8.1.4　对检查和试验中发现的问题应及时解决，对损坏或不合格者应立即更换，并应复原系统。

五、《消防通信指挥系统施工及验收规范》GB 50401—2007

4.1.1　系统竣工后必须进行工程验收，验收不合格不得投入使用。

4.7.2　系统工程验收合格判定条件应为：主控项不合格数量为 0 项，否则为不合格。

六、《建筑灭火器配置验收及检查规范》GB 50444—2008

2.2.1　灭火器的进场检查应符合下列要求：

1　灭火器应符合市场准入的规定，并应有出厂合格证和相关证书；

2　灭火器的铭牌、生产日期和维修日期等标志应齐全；

3　灭火器的类型、规格、灭火级别和数量应符合配置设计要求；

4　灭火器筒体应无明显缺陷和机械损伤；

5　灭火器的保险装置应完好；

6 灭火器压力指示器的指针应在绿区范围内；

7 推车式灭火器的行驶机构应完好。

3.1.3 灭火器的安装设置应便于取用，且不得影响安全疏散。

3.1.5 灭火器设置点的环境温度不得超出灭火器的使用温度范围。

3.2.2 灭火器箱不应被遮挡、上锁或拴系。

4.1.1 灭火器安装设置后，必须进行配置验收，验收不合格不得投入使用。

4.2.1 灭火器的类型、规格、灭火级别和配置数量应符合建筑灭火器配置设计要求。

4.2.2 灭火器的产品质量必须符合国家有关产品标准的要求。

4.2.3 在同一灭火器配置单元内，采用不同类型灭火器时，其灭火剂应能相容。

4.2.4 灭火器的保护距离应符合现行国家标准《建筑灭火器配置设计规范》GB 50140 的有关规定，灭火器的设置应保证配置场所的任一点都在灭火器设置点的保护范围内。

5.3.2 灭火器的维修期限应符合表 5.3.2 的规定。

表 5.3.2 灭火器的维修期限

灭火器类型		维修期限
水基型灭火器	手提式水基型灭火器	出厂期满 3 年；首次维修以后每满 1 年
	推车式水基型灭火器	
干粉灭火器	手提式（贮压式）干粉灭火器	出厂期满 5 年；首次维修以后每满 2 年
	手提式（储气瓶式）干粉灭火器	
	推车式（贮压式）干粉灭火器	
	推车式（储气瓶式）干粉灭火器	
洁净气体灭火器	手提式洁净气体灭火器	
	推车式洁净气体灭火器	
二氧化碳灭火器	手提式二氧化碳灭火器	
	推车式二氧化碳灭火器	

5.4.1　下列类型的灭火器应报废：

1　酸碱型灭火器；

2　化学泡沫型灭火器；

3　倒置使用型灭火器；

4　氯溴甲烷、四氯化碳灭火器；

5　国家政策明令淘汰的其他类型灭火器。

5.4.2　有下列情况之一的灭火器应报废：

1　筒体严重锈蚀，锈蚀面积大于、等于筒体总面积的 1/3，表面有凹坑；

2　筒体明显变形，机械损伤严重；

3　器头存在裂纹、无泄压机构；

4　筒体为平底等结构不合理；

5　没有间歇喷射机构的手提式；

6　没有生产厂名称和出厂年月，包括铭牌脱落，或虽有铭牌，但已看不清生产厂名称，或出厂年月钢印无法识别；

7　筒体有锡焊、铜焊或补缀等修补痕迹；

8　被火烧过。

5.4.3　灭火器出厂时间达到或超过表 5.4.3 规定的报废期限时应报废。

表 5.4.3　灭火器的报废期限

<table>
<tr><th colspan="2">灭火器类型</th><th>报废期限（年）</th></tr>
<tr><td rowspan="2">水基型灭火器</td><td>手提式水基型灭火器</td><td rowspan="2">6</td></tr>
<tr><td>推车式水基型灭火器</td></tr>
<tr><td rowspan="4">干粉灭火器</td><td>手提式（贮压式）干粉灭火器</td><td rowspan="6">10</td></tr>
<tr><td>手提式（储气瓶式）干粉灭火器</td></tr>
<tr><td>推车式（贮压式）干粉灭火器</td></tr>
<tr><td>推车式（储气瓶式）干粉灭火器</td></tr>
<tr><td rowspan="2">洁净气体灭火器</td><td>手提式洁净气体灭火器</td></tr>
<tr><td>推车式洁净气体灭火器</td></tr>
<tr><td rowspan="2">二氧化碳灭火器</td><td>手提式二氧化碳灭火器</td><td rowspan="2">12</td></tr>
<tr><td>推车式二氧化碳灭火器</td></tr>
</table>

5.4.4　灭火器报废后，应按照等效替代的原则进行更换。

七、《固定消防炮灭火系统施工与验收规范》GB 50498—2009

3. 2. 4 对属于下列情况之一的管材及配件，应由监理工程师抽样，并由具备相应资质的检测机构进行检测复验，其复验结果应符合国家现行有关产品标准和设计要求。

1 设计上有复验要求的。

2 对质量有疑义的。

3. 3. 1 泡沫液进场时应由建设单位、监理工程师和供货方现场组织检查，并共同取样留存，留存数量按全项检测需要量。泡沫液质量应符合国家现行有关产品标准。

3. 3. 3 干粉进场时应由建设单位、监理工程师和供货方现场组织检查，并共同取样留存，留存数量按全项检测需要量。干粉质量应符合国家现行有关产品标准。

3. 4. 2 水炮、泡沫炮、干粉炮、消防泵组、泡沫液罐、泡沫比例混合装置、干粉罐、氮气瓶组、阀门、动力源、消防炮塔、控制装置等系统组件及压力表、过滤装置和金属软管等系统配件应符合下列规定：

1 其规格、型号、性能应符合国家现行产品标准和设计要求。

2 设计上有复验要求或对质量有疑义时，应由监理工程师抽样，并由具有相应资质的检测单位进行检测复检，其复检结果应符合国家现行产品标准和设计要求。

4. 3. 4 设在室外的泡沫液罐的安装应符合设计要求，并应根据环境条件采取防晒、防冻和防腐等措施。

4. 6. 1 管道的安装应符合下列规定：

3 埋地管道安装应符合下列规定：

1）埋地管道的基础应符合设计要求；

2）埋地管道安装前应做好防腐，安装时不应损坏防腐层；

3）埋地管道采用焊接时，焊缝部位应在试压合格后进行防腐处理；

4）埋地管道在回填前应进行隐蔽工程验收，合格后及时回填，分层夯实，并应按本规范附录D进行记录。

4.6.2 阀门的安装应符合下列规定：

2 具有遥控、自动控制功能的阀门安装，应符合设计要求；当设置在有爆炸和火灾危险的环境时，应符合现行国家标准《爆炸和火灾危险环境电气装置施工及验收规范》GB 50257等相关标准的规定。

5.2.1 布线前，应对导线的种类、电压等级进行检查；强、弱电回路不应使用同一根电缆，应分别成束分开排列；不同电压等级的线路，不应穿在同一管内或线槽的同一槽孔内。

6.1.1 管道安装完毕后，应对其进行强度试验、严密性试验和冲洗。

7.2.8 固定消防炮灭火系统的喷射功能调试应符合下列规定：

1 水炮灭火系统：当为手动灭火系统时，应以手动控制的方式对该门水炮保护范围进行喷水试验；当为自动灭火系统时，应以手动和自动控制的方式对该门水炮保护范围分别进行喷水试验。系统自接到启动信号至水炮炮口开始喷水的时间不应大于5min，其各项性能指标均应达到设计要求。

2 泡沫炮灭火系统：泡沫炮灭火系统按本条第1款的规定喷水试验完毕，将水放空后，应以手动或自动控制的方式对该门泡沫炮保护范围进行喷射泡沫试验。系统自接到启动信号至泡沫炮口开始喷射泡沫的时间不应大于5min，喷射泡沫的时间应大于2min，实测泡沫混合液的混合比应符合设计要求。

3 干粉炮灭火系统：当为手动灭火系统时，应以手动控制的方式对该门干粉炮保护范围进行一次喷射试验；当为自动灭火系统时，应以手动和自动控制的方式对该门干粉炮保护范围各进行一次喷射试验。系统自接到启动信号至干粉炮口开始喷射干粉的时间不应大于2min，干粉喷射时间应大于60s，其各项性能指标均应达到设计要求。

4　水幕保护系统：当为手动水幕保护系统时，应以手动控制的方式对该道水幕进行一次喷水试验；当为自动水幕保护系统时应以手动和自动控制的方式分别进行喷水试验。其各项性能指标均应达到设计要求。

8.1.3　系统施工质量验收合格但功能验收不合格应判定为系统不合格，不得通过验收。

8.2.4　系统功能验收判定条件。系统启动功能与喷射功能验收全部检查内容验收合格，方可判定为系统功能验收合格。

八、《建筑内部装修防火施工及验收规范》GB 50354—2005

2.0.4　进入施工现场的装修材料应完好，并应核查其燃烧性能或耐火极限、防火性能型式检验报告、合格证书等技术文件是否符合防火设计要求。核查、检验时，应按本规范附录B的要求填写进场验收记录。

2.0.5　装修材料进入施工现场后，应按本规范的有关规定，在监理单位或建设单位监督下，由施工单位有关人员现场取样，并应由具备相应资质的检验单位进行见证取样检验。

2.0.6　装修施工过程中，装修材料应远离火源，并应指派专人负责施工现场的防火安全。

2.0.7　装修施工过程中，应对各装修部位的施工过程作详细记录。记录表的格式应符合本规范附录C的要求。

2.0.8　建筑工程内部装修不得影响消防设施的使用功能。装修施工过程中，当确需变更防火设计时，应经原设计单位或具有相应资质的设计单位按有关规定进行。

3.0.4　下列材料应进行抽样检验：

1　现场阻燃处理后的纺织织物，每种取 $2m^2$ 检验燃烧性能；

2　施工过程中受湿浸、燃烧性能可能受影响的纺织织物，每种取 $2m^2$ 检验燃烧性能。

4.0.4　下列材料应进行抽样检验：

1　现场阻燃处理后的木质材料，每种取 $4m^2$ 检验燃烧性能；

2　表面进行加工后的 B_1 级木质材料，每种取 $4m^2$ 检验燃烧性能。

5.0.4　现场阻燃处理后的泡沫塑料应进行抽样检验，每种取 $0.1m^3$ 检验燃烧性能。

6.0.4　现场阻燃处理后的复合材料应进行抽样检验，每种取 $4m^2$ 检验燃烧性能。

7.0.4　现场阻燃处理后的复合材料应进行抽样检验。

8.0.2　工程质量验收应符合下列要求：

1　技术资料应完整；

2　所用装修材料或产品的见证取样检验结果应满足设计要求；

3　装修施工过程中的抽样检验结果，包括隐蔽工程的施工过程中及完工后的抽样检验结果应符合设计要求；

4　现场进行阻燃处理、喷涂、安装作业的抽样检验结果应符合设计要求；

5　施工过程中的主控项目检验结果应全部合格；

6　施工过程中的一般项目检验结果合格率应达到 80％。

8.0.6　当装修施工的有关资料经审查全部合格、施工过程全部符合要求、现场检查或抽样检测结果全部合格时，工程验收应为合格。

九、《建设工程施工现场消防安全技术规范》GB 50720—2011

3.2.1　易燃易爆危险品库房与在建工程的防火间距不应小于 15m，可燃材料堆场及其加工场、固定动火作业场与在建工程的防火间距不应小于 10m，其他临时用房、临时设施与在建工程的防火间距不应小于 6m。

4.2.1　宿舍、办公用房的防火设计应符合下列规定：

1　建筑构件的燃烧性能等级应为 A 级。当采用金属夹芯板材时，其芯材的燃烧性能等级应为 A 级。

4.2.2 发电机房、变配电房、厨房操作间、锅炉房、可燃材料库房及易燃易爆危险品库房的防火设计应符合下列规定：

1 建筑构件的燃烧性能等级应为A级。

4.3.3 既有建筑进行扩建、改建施工时，必须明确划分施工区和非施工区。施工区不得营业、使用和居住；非施工区继续营业、使用和居住时，应符合下列规定：

1 施工区和非施工区之间应采用不开设门、窗、洞口的耐火极限不低于3.0h的不燃烧体隔墙进行防火分隔。

2 非施工区内的消防设施应完好和有效，疏散通道应保持畅通，并应落实日常值班及消防安全管理制度。

3 施工区的消防安全应配有专人值守，发生火情应能立即处置。

4 施工单位应向居住和使用者进行消防宣传教育，告知建筑消防设施、疏散通道的位置及使用方法，同时应组织疏散演练。

5 外脚手架搭设不应影响安全疏散、消防车正常通行及灭火救援操作，外脚手架搭设长度不应超过该建筑物外立面周长的1/2。

5.1.4 施工现场的消火栓泵应采用专用消防配电线路。专用消防配电线路应自施工现场总配电箱的总断路器上端接入，且应保持不间断供电。

5.3.5 临时用房的临时室外消防用水量不应小于表5.3.5的规定。

表5.3.5　临时用房的临时室外消防用水量

临时用房的建筑面积之和	火灾延续时间（h）	消火栓用水量（L/s）	每支水枪最小流量（L/s）
1000m^2＜面积≤5000m^2	1	10	5
面积＞5000m^2		15	5

5.3.6 在建工程的临时室外消防用水量不应小于表5.3.6的规定。

表 5.3.6　在建工程的临时室外消防用水量

在建工程（单体）体积	火灾延续时间（h）	消火栓用水量（L/s）	每支水枪最小流量（L/s）
10000m^3＜体积≤30000m^3	1	15	5
体积＞30000m^3	2	20	5

5.3.9　在建工程的临时室内消防用水量不应小于表 5.3.9 的规定。

表 5.3.9　在建工程的临时室内消防用水量

建筑高度、在建工程体积（单体）	火灾延续时间（h）	消火栓用水量（L/s）	每支水枪最小流量（L/s）
24m＜建筑高度≤50m 或 30000m^3＜体积≤50000m^3	1	10	5
建筑高度＞50m 或体积＞50000m^3	2	15	5

6.2.1　用于在建工程的保温、防水、装饰及防腐等材料的燃烧性能等级应符合设计要求。

6.2.2　室内使用油漆及其有机溶剂、乙二胺、冷底子油等易挥发产生易燃气体的物资作业时，应保持良好通风，作业场所严禁明火，并应避免产生静电。

6.3.1　施工现场用火应符合下列规定：

3　焊接、切割、烘烤或加热等动火作业前，应对作业现场的可燃物进行清理；作业现场及其附近无法移走的可燃物应采用不燃材料对其覆盖或隔离。

5　裸露的可燃材料上严禁直接进行动火作业。

9　具有火灾、爆炸危险的场所严禁明火。

6.3.3　施工现场用气应符合下列规定：

1　储装气体的罐瓶及其附件应合格、完好和有效；严禁使用减压器及其他附件缺损的氧气瓶，严禁使用乙炔专用减压器、回火防止器及其他附件缺损的乙炔瓶。

第四节　工 业 防 火

一、《核电厂常规岛设计防火规范》GB 50745—2012

3.0.1　建（构）筑物的火灾危险性分类及耐火等级不应低于表3.0.1的规定。

表 3.0.1　建（构）筑物的火灾危险性分类及其耐火等级

类别	建（构）筑物名称	火灾危险性	耐火等级
汽轮发电机厂房	汽轮发电机厂房地上部分	丁	二级
	汽轮发电机厂房地下部分	丁	一级
常规岛配套设施	除盐水生产厂房	戊	二级
	海水淡化厂房	戊	二级
	非放射性检修厂房	丁	二级
	空压机房	丁	二级
	备品备件库	丁	二级
	工具库	戊	二级
	机电仪器仪表库	丁	一级
	橡胶制品库	丙	二级
	危险品库	甲	二级
	酸碱库	丁	二级
	油脂库	丙	二级
	油处理室	丙	二级
	网络继电器室（采取防止电缆着火后延燃的措施时）	丁	二级
	网络继电器室（未采取防止电缆着火后延燃的措施时）	丙	二级
	主开关站	丁	二级
	辅助开关站	丁	二级
	电缆隧道	丙	一级
	实验室	丁	二级
	供氢站	甲	二级
	化学加药间（含制氯站）	丁	二级
	辅助锅炉房	丁	二级
	油泵房	丙	二级
	循环水泵房	戊	二级
	取水构筑物	戊	二级
	非放射性污水处理构筑物	戊	二级
	冷却塔	戊	三级

5.1.1　汽轮发电机厂房内的下列场所应进行防火分隔：

1　电缆竖井、电缆夹层；

2　电子设备间、配电间、蓄电池室；

3　通风设备间；

4　润滑油间、润滑油转运间；

5　疏散楼梯。

5.1.5　甲、乙类库房应单独布置。当需与其他库房合并布置时，应符合下列规定：

1　库房应为单层建筑；

2　存放甲、乙类物品部分应采取防爆措施和设置泄压设施；

3　存放甲、乙类物品部分应采用抗爆防护墙与其他部分分隔，相互间的承重结构应各自独立。

5.3.2　疏散楼梯间内部不应穿越可燃气体管道、蒸汽管道、甲、乙、丙类液体管道。

6.3.2　油量为2500kg及以上屋外油浸变压器之间的最小间距应符合表6.3.2的规定。

表6.3.2　屋外油浸变压器之间的最小间距（m）

电压等级	最小间距
35kV及以下	5
66kV	6
110kV	8
220kV及以上	10

7.1.2　消防给水系统应满足常规岛最大一次灭火用水量、流量及最大压力要求。

注：1 在计算水压时，应采用喷嘴口径 19mm 的水枪和直径 65mm、长度 25m 的有衬里消防水带，每支水枪的计算流量不应小于 5L/s。

2 消火栓给水管道设计流速不宜大于 2.5m/s，消火栓与水喷雾灭火系统或自动喷水灭火系统合用管道的流速不宜超过 5m/s。

7.2.1 建（构）筑物室外消火栓设计流量的计算应符合表 7.2.1 的规定：

表 7.2.1 建（构）筑物室外消火栓设计流量（L/s）

<table>
<tr><th rowspan="2">耐火等级</th><th rowspan="2" colspan="2">建（构）筑物名称及类别</th><th colspan="6">建（构）筑物体积（m³）</th></tr>
<tr><th>≤1500</th><th>1501～3000</th><th>3001～5000</th><th>5001～20000</th><th>20001～50000</th><th>＞50000</th></tr>
<tr><td rowspan="6">一、二级</td><td rowspan="3">厂房</td><td>甲、乙类</td><td rowspan="2">10</td><td rowspan="2">15</td><td rowspan="2">20</td><td rowspan="2">25</td><td rowspan="2">30</td><td>35</td></tr>
<tr><td>丙类</td><td>40</td></tr>
<tr><td>丁、戊类</td><td colspan="3">10</td><td colspan="2">15</td><td>20</td></tr>
<tr><td rowspan="3">仓库</td><td>甲、乙类</td><td>15</td><td>15</td><td>25</td><td>25</td><td>—</td><td>—</td></tr>
<tr><td>丙类</td><td>15</td><td>15</td><td>25</td><td>25</td><td>35</td><td>45</td></tr>
<tr><td>丁、戊类</td><td colspan="3">10</td><td colspan="2">15</td><td>20</td></tr>
<tr><td rowspan="2">三级</td><td rowspan="2">厂房、仓库</td><td>乙、丙类</td><td>15</td><td>20</td><td>30</td><td>40</td><td>45</td><td>—</td></tr>
<tr><td>丁、戊类</td><td colspan="2">10</td><td>15</td><td>20</td><td>25</td><td>35</td></tr>
</table>

注：1 消防设计流量应按消火栓设计流量最大的一座建筑物计算，成组布置的建筑物应按消火栓设计流量较大的相邻两座建筑物的体积之和计算。

2 室外油浸变压器的消火栓用水量不应小于 10L/s。

7.3.3 室内消火栓的设计流量应根据同时使用水枪数量和充实水柱长度由计算确定，但不应小于表 7.3.3 的规定。

表 7.3.3 室内消火栓系统设计流量

建筑物名称	高度 H、体积 V	消火栓设计流量（L/s）	同时使用水枪数量（支）	每根竖管最小流量（L/s）
汽轮发电机厂房	$H \leqslant 24$m	10	2	10
	24m$<H\leqslant$50m	25	5	15
	$H>$50m	30	6	15
其他工业建筑	$H\leqslant$24m，$V\leqslant$10000m^3	10	2	10
	$H\leqslant$24m，$V>$10000m^3	15	3	
仓 库	$H\leqslant$24m	10	2	10
	24m$<H\leqslant$50m	30	6	15
	$H>$50m	40	8	15

注：消防软管卷盘的消防用水量可不计入室内消防用水量。

7.5.5 设有自动喷水灭火系统或水喷雾灭火系统的建（构）筑物、设备的灭火强度及作用面积不应低于表 7.5.5 的规定。

表 7.5.5 建（构）筑物、设备的灭火强度及作用面积

火灾类别	建(构)筑物,设备	自动喷水强度(L/min·m^2)/作用面积(m^2)	水喷雾强度(L/min·m^2)	闭式泡沫·水喷淋强度(L/min·m^2)/作用面积(m^2)
液体	汽轮发电机运转层下	12/260	液体闪点60～120℃：20 液体闪点>120℃：13	≥6.5/465
	润滑油设备间			
	给水泵油箱			
	汽轮机、发电机及励磁机轴承			
	电液装置（抗燃油除外）			
	氢密封油装置			
	燃油辅助锅炉房			≥6.5/465

续表 7.5.5

火灾类别	建(构)筑物,设备	自动喷水强度($L/min \cdot m^2$)/作用面积(m^2)	水喷雾强度($L/min \cdot m^2$)	闭式泡沫·水喷淋强度($L/min \cdot m^2$)/作用面积(m^2)
固体与液体	危险品库	15/260	15	—
电气	电缆夹层	12/260	13	—
	油漫变压器	—	20	—
	油浸变压器的集油坑	—	6	—

注：仓库类的自动喷水灭火强度应符合现行国家标准《自动喷水灭火系统设计规范》GB 50084 的有关规定。

8.1.1 供氢站、危险品库、橡胶制品库、油脂库、蓄电池室、油泵房等。室内严禁采用明火和易引发火灾的电热散热器采暖。

8.1.6 室内采暖系统的管道、管件及保温材料应采用不燃料。

8.2.15 燃油辅助锅炉房应设置自然通风或机械通风设施。当设置机械通风设施时，应采用防爆型并设置导除静电的接地装置。燃油辅助锅炉房的正常通风量应按换气次数不少于 3 次/h 确定。

8.4.4 下列情况之一的通风、空调系统的风管上应设置防火阀：

1 穿越防火分隔、防火分区处；

2 穿越通风、空调机房的房间隔墙和楼板处；

3 穿越重要的设备房间或火灾危险性大的房间隔墙和楼板处；

4 穿越变形缝处的两侧；

5 每层水平干管同垂直总管交接处的水平管段上；

6 穿越管道竖井（防火）的水平管段上。

二、《酒厂设计防火规范》GB 50694—2011

3.0.1 酒厂生产、储存的火灾危险性分类及建（构）筑物的最低耐火等级应符合表 3.0.1 的规定。本规范未作规定者，应符合现行国家标准《建筑设计防火规范》GB 50016 的有关规定。

表 3.0.1　生产、储存的火灾危险性分类及建（构）筑物的最低耐火等级

火灾危险性分类	最低耐火等级	白酒厂、食用酒精厂	葡萄酒厂、白兰地酒厂	黄酒厂	啤酒厂	其他建（构）筑物
甲	二级	液态法酿酒车间、酒精蒸馏塔、勾兑车间、灌装车间、酒泵房；酒精度大于或等于38度的白酒库、人工洞白酒库、食用酒精库，白酒储罐区、食用酒精储罐区	白兰地蒸馏车间、白兰地勾兑车间、白兰地酒泵房；白兰地陈酿库	采用糟烧白酒、高粱酒等代替酿造用水的发酵车间	—	燃气调压站、乙炔间
乙	二级	粮食筒仓的工作塔、制酒原料粉碎车间、制曲原料粉碎车间	白兰地灌装车间、葡萄酒灌装车间、葡萄酒酒泵房；葡萄酒陈酿库、葡萄酒储罐区	粮食筒仓的工作塔、制曲原料粉碎车间、压榨车间、煎酒车间、灌装车间；储罐区	粮食筒仓的工作塔、大麦清选车间、麦芽粉碎车间	氨压缩机房
丙	二级	固态制曲车间、包装车间；成品库、粮食仓库	白兰地包装车间；白兰地成品库	原料筛选车间、制曲车间；粮食仓库	粮食仓库	自备发电机房；包装材料库、塑料瓶库
丁	三级	蒸煮、糖化、发酵车间，固态法、半固态法酿酒车间，制酒母车间，液态制曲车间，酒糟利用车间	原料分选、破碎除梗、浸提压榨车间，发酵车间，SO_2储瓶间，葡萄酒包装车间；原料库房、葡萄酒成品库	制酒母车间，原料浸渍、蒸煮车间，发酵车间，包装车间，酒糟利用车间；陶坛等陶制容器酒库、成品库	大麦浸渍车间、发芽车间、发酵车间，麦芽干燥车间，原料糊化、糖化、过滤、煮沸、冷却车间，灌装、包装车间；成品库	排水、污水泵房，空气压缩机房；洗瓶车间，机修车间，仪表、电修车间；玻璃瓶库、陶瓷瓶库

注：1　采用增湿粉碎、湿法粉碎的原料粉碎车间，其火灾危险性可划分为丁类；采用密闭型粉碎设备的原料粉碎车间，其火灾危险性可划分为丙类。

2　黄酒厂采用黄酒糟生产白酒时，其生产、储存的火灾危险性分类及建（构）筑物的耐火等级应按白酒厂的要求确定。

4.1.4 除人工洞白酒库、葡萄酒陈酿库外，酒厂的其他甲、乙类生产、储存场所不应设置在地下或半地下。

4.1.5 厂房内严禁设置员工宿舍，并应符合下列规定：

1 甲、乙类厂房内不应设置办公室、休息室等用房。当必须与厂房贴邻建造时，其耐火等级不应低于二级，应采用耐火极限不低于3.00h的不燃烧体防爆墙隔开，并应设置独立的安全出口。

2 丙类厂房内设置的办公室、休息室，应采用耐火极限不低于2.50h的不燃烧体隔墙和不低于1.00h的楼板与厂房隔开，并应至少设置1个独立的安全出口。当隔墙上需要开设门窗时，应采用乙级防火门窗。

4.1.6 仓库内严禁设置员工宿舍，并应符合下列规定：

1 甲、乙类仓库内严禁设置办公室、休息室等用房，并不应贴邻建造。

2 丙、丁类仓库内设置的办公室、休息室以及贴邻建造的管理用房，应采用耐火极限不低于2.50h的不燃烧体隔墙和不低于1.00h的楼板与库房隔开，并应设置独立的安全出口。如隔墙上需要开设门窗时，应采用乙级防火门窗。

4.1.9 消防控制室、消防水泵房、自备发电机房和变、配电房等不应设置在白酒储罐区、食用酒精储罐区、白酒库、人工洞白酒库、食用酒精库、葡萄酒陈酿库、白兰地陈酿库内或贴邻建造。设置在其他建筑物内时，应采用耐火极限不低于2.00h的不燃烧体隔墙和不低于1.50h的楼板与其他部位隔开，隔墙上的门应采用甲级防火门。消防控制室应设置直通室外的安全出口，门上应有明显标识。消防水泵房的疏散门应直通室外或靠近安全出口。

4.1.11 供白酒库、人工洞白酒库、白兰地陈酿库专用的酒泵房和空气压缩机房贴邻仓库建造时，应设置独立的安全出口，与仓库间应采用无门窗洞口且耐火极限不低于3.00h的不燃烧体隔墙分隔。

4.2.1　白酒库、食用酒精库、白兰地陈酿库之间及其与其他建筑、明火或散发火花地点、道路等之间的防火间距不应小于表4.2.1的规定。

表 4.2.1　白酒库、食用酒精库、白兰地陈酿库之间及其与其他建筑物、明火或散发火花地点、道路等之间的防火间距（m）

<table>
<tr><th colspan="2">名　　称</th><th>白酒库、食用酒精库、白兰地陈酿库</th></tr>
<tr><td colspan="2">重要公共建筑</td><td>50</td></tr>
<tr><td colspan="2">白酒库、食用酒精库、白兰地陈酿库及其他甲类仓库</td><td>20</td></tr>
<tr><td colspan="2">高层仓库</td><td>13</td></tr>
<tr><td colspan="2">民用建筑、明火或散发火花地点</td><td>30</td></tr>
<tr><td rowspan="3">其他建筑</td><td>一、二级耐火等级</td><td>15</td></tr>
<tr><td>三级耐火等级</td><td>20</td></tr>
<tr><td>四级耐火等级</td><td>25</td></tr>
<tr><td colspan="2">室外变、配电站以及工业企业的变压器总油量大于5t的室外变电站</td><td>30</td></tr>
<tr><td colspan="2">厂外道路路边</td><td>20</td></tr>
<tr><td rowspan="2">厂内道路</td><td>主要道路路边</td><td>10</td></tr>
<tr><td>次要道路路边</td><td>5</td></tr>
</table>

注：设置在山地的白酒库、白兰地陈酿库，当相邻较高一面外墙为防火墙时，防火间距可按本表的规定减少25%。

4.2.2　白酒储罐区、食用酒精储罐区与建筑物、变配电站之间的防火间距不应小于表4.2.2的规定。

4.3.3　生产区、仓库区和白酒储罐区、食用酒精储罐区应设置环形消防车道。当受地形条件限制时，应设置有回车场的尽头式消防车道。白酒储罐区、食用酒精储罐区相邻防火堤的外堤脚线之间，应留有净宽不小于7m的消防通道。

表 4.2.2 白酒储罐区、食用酒精储罐区与建筑物、变配电站之间的防火间距（m）

项目		建筑物的耐火等级			室外变配电站以及工业企业的变压器总油量大于5t的室外变电站
		一、二级	三级	四级	
一个储罐区的总储量 V（m^3）	$50\leqslant V<200$	15	20	25	35
	$200\leqslant V<1000$	20	25	30	40
	$1000\leqslant V<5000$	25	30	40	50
	$5000\leqslant V\leqslant 10000$	30	35	50	60

注：1 防火间距应从距建筑物最近的储罐外壁算起，但储罐防火堤外侧基脚线至建筑物的距离不应小于10m。

2 固定顶储罐区与甲类厂房（仓库）、民用建筑的防火间距，应按本表的规定增加25%，且不应小于25m。

3 储罐区与明火或散发火花地点的防火间距，应按本表四级耐火等级建筑的规定增加25%。

4 浮顶储罐区与建筑物的防火间距，可按本表的规定减少25%。

5 数个储罐区布置在同一库区内时，储罐区之间的防火间距不应小于本表相应储量的储罐区与四级耐火等级建筑之间防火间距的较大值。

6 设置在山地的储罐区，当设置事故存液池和自动灭火系统时，防火间距可按本表的规定减少25%。

5.0.1 酒厂具有爆炸危险性的甲、乙类生产、储存场所应进行防爆设计。

5.0.11 甲、乙类生产、储存场所应采用不发火花地面。采用绝缘材料作整体面层时，应采取防静电措施。粮食仓库、原料粉碎车间的内表面应平整、光滑，并易于清扫。

6.1.1 白酒库、食用酒精库的耐火等级、层数和面积应符合表6.1.1的规定。

表 6.1.1　白酒库、食用酒精库的耐火等级、层数和面积（m^2）

储存类别	耐火等级	允许层数（层）	每座仓库的最大允许占地面积和每个防火分区的最大允许建筑面积				
			单层		多层		地下、半地下
			每座仓库	防火分区	每座仓库	防火分区	防火分区
酒精度大于或等于 60 度的白酒库、食用酒精库	一、二级	1	750	250	—	—	—
酒精度大于或等于 38 度、小于 60 度的白酒库		3	2000	250	900	150	—

注：半敞开式的白酒库、食用酒精库的最大允许占地面积和每个防火分区的最大允许建筑面积可增加至本表规定的 1.5 倍。

6.1.2　全部采用陶坛等陶制容器存放白酒的白酒库，其耐火等级、层数和面积应符合表 6.1.2 的规定。

表 6.1.2　陶坛等陶制容器白酒库的耐火等级、层数和面积（m^2）

储存类别	耐火等级	允许层数（层）	每座仓库的最大允许占地面积和每个防火分区的最大允许建筑面积				
			单层		多层		地下、半地下
			每座仓库	防火分区	每座仓库	防火分区	防火分区
酒精度大于或等于 60 度	一、二级	3	4000	250	1800	150	—
酒精度大于或等于 52 度、小于 60 度		5	4000	350	1800	200	—

6.1.3　白兰地陈酿库、葡萄酒陈酿库的耐火等级、层数和面积应符合表 6.1.3 的规定。

表 6.1.3　白兰地陈酿库、葡萄酒陈酿库的耐火等级、层数和面积（m^2）

储存类别	耐火等级	允许层数（层）	每座仓库的最大允许占地面积和每个防火分区的最大允许建筑面积				
			单层		多层		地下、半地下
			每座仓库	防火分区	每座仓库	防火分区	防火分区
白兰地	一、二级	3	2000	250	900	150	—
葡萄酒		3	4000	250	1800	150	250

6.1.4　白酒库、食用酒精库、白兰地陈酿库、葡萄酒陈酿库及白酒、白兰地的成品库严禁设置在高层建筑内。

6.1.6　白酒库、食用酒精库内的储罐，单罐容量不应大于 $1000m^3$，储罐之间的防火间距不应小于相邻较大立式储罐直径的 50%；单罐容量小于或等于 $100m^3$、一组罐容量小于或等于 $500m^3$ 时，储罐可成组布置，储罐之间的防火间距不应小于 0.5m，储罐组之间的防火间距不应小于 2m。当白酒库、食用酒精库内的储罐总容量大于 $5000m^3$ 时，应采用不开设门窗洞口的防火墙分隔。

6.1.8　人工洞白酒库的设置应符合下列规定：

1　人工洞白酒库应由巷道和洞室构成。

2　一个人工洞白酒库总储量不应大于 $5000m^3$，每个洞室的净面积不应大于 $500m^2$。

3　巷道直通洞外的安全出口不应少于两个。每个洞室通向巷道的出口不应少于两个，相邻出口最近边缘之间的水平距离不应小于 5m。洞室内最远点距出口的距离不超过 30m 时可只设一个出口。

4　巷道的净宽不应小于 3m，净高不应小于 2.2m。相邻洞室通向巷道的出口最近边缘之间的水平距离不应小于 10m。

5　当两个洞室相通时，洞室之间应设置防火隔间。隔间的墙应为防火墙，隔间的净面积不应小于 $6m^2$，其短边长度不应小于 2m。

6 巷道与洞室之间、洞室与防火隔间之间应设置不燃烧体隔堤和甲级防火门。防火门应满足防锈、防腐的要求，且应具有火灾时能自动关闭和洞外控制关闭的功能。

7 巷道地面坡向洞口和边沟的坡度均不应小于 0.5%。

6.1.11 白酒库、人工洞白酒库、食用酒精库、白兰地陈酿库应设置防止液体流散的设施。

6.2.1 白酒储罐区、食用酒精储罐区内储罐之间的防火间距不应小于表 6.2.1 的规定。

表 6.2.1 白酒储罐区、食用酒精储罐区储罐之间的防火间距

类别		储罐形式			
		固定顶罐		浮顶罐	卧式罐
		地上式	半地下式		
单罐容量 V（m^3）	$V \leqslant 1000$	0.75D	0.5D	0.4D	≥0.8m
	$V>1000$	0.6D			

注：1 D 为相邻较大立式储罐的直径（m）。

2 不同形式储罐之间的防火间距不应小于本表规定的较大值。

3 两排卧式储罐之间的防火间距不应小于 3m。

4 单罐容量小于或等于 1000m^3 且采用固定式消防冷却水系统时，地上式固定顶罐之间的防火间距不应小于 0.6D。

6.2.2 白酒储罐区、食用酒精储罐区单罐容量小于或等于 200m^3、一组罐容量小于或等于 1000m^3 时，储罐可成组布置。但组内储罐的布置不应超过两排，立式储罐之间的防火间距不应小于 2m，卧式储罐之间的防火间距不应小于 0.8m。储罐组之间的防火间距应根据组内储罐的形式和总储量折算为相同类别的标准单罐，并应按本规范第 6.2.1 条的规定确定。

6.2.3 白酒储罐区、食用酒精储罐区的四周应设置不燃烧体防火堤等防止液体流散的设施。

7.1.1 酒厂应设计消防给水系统。厂房、仓库、储存区应设置室外消火栓系统。

7.3.3 含酒液的污水排放应符合下列规定：

1 含酒液的污水应采用管道单独排放，不得与其他污水混排。

2 排放出口应设置水封装置，水封装置与围墙之间的排水通道必须采用暗渠或暗管。水封井的水封高度不应小于0.25m。水封井应设沉泥段，沉泥段自最低的管底算起，其深度不应小于0.25m。水封装置出口应设易于开关的隔断阀门。

8.0.1 甲、乙类生产、储存场所不应采用循环热风采暖，严禁采用明火采暖和电热散热器采暖。原料粉碎车间采暖散热器表面温度不应超过82℃。

8.0.2 甲、乙类生产、储存场所应有良好的自然通风或独立的负压机械通风设施。机械通风的空气不应循环使用。

8.0.5 甲、乙类生产、储存场所的通风管道及设备应符合下列规定：

1 排风管道严禁穿越防火墙和有爆炸危险场所的隔墙。

2 排风管道应采用金属管道，并应直接通往室外或洞外的安全处，不应暗设。

3 通风管道及设备均应采取防静电接地措施。

4 送风机及排风机应选用防爆型。

5 送风机及排风机不应布置在地下、半地下，且不应布置在同一通风机房内。

8.0.6 输送白酒、食用酒精、葡萄酒、白兰地、黄酒的管道，不应穿过通风机房和通风管道，且不应沿通风管道的外壁敷设。

8.0.7 下列情况之一的通风、空气调节系统的风管上应设置防火阀：

1 穿越防火分区处。

2 穿越通风、空气调节机房的房间隔墙和楼板处。

3 穿越防火分隔处的变形缝两侧。

9.1.3 消防用电设备应采用专用供电回路，其配电设备应有明显标识。当生产、生活用电被切断时，仍应保证消防用电。

9.1.5 甲、乙类生产、储存场所与架空电力线的最近水平距离不应小于电杆（塔）高度的1.5倍。

9.1.7 厂房和仓库的下列部位，应设置消防应急照明，且疏散应急照明的地面水平照度不应小于5.0 lx：

1 封闭楼梯间、防烟楼梯间及其前室、消防电梯间的前室或合用前室。

2 消防控制室、消防水泵房、自备发电机房、变、配电房以及发生火灾时仍需正常工作的其他房间。

3 人工洞白酒库内的巷道。

4 参观走道、疏散走道。

9.1.8 液态法酿酒车间、酒精蒸馏塔、白兰地蒸馏车间、酒精度大于或等于38度的白酒库、人工洞白酒库、食用酒精库、白兰地陈酿库，白酒、白兰地勾兑车间、灌装车间、酒泵房，采用糟烧白酒、高粱酒等代替酿造用水的黄酒发酵车间的电气设计应符合爆炸性气体环境2区的有关规定；机械化程度高、年周转量较大的散装粮房式仓，粮食筒仓及工作塔，原料粉碎车间的电气设计应符合可燃性非导电粉尘11区的有关规定。

三、《有色金属工程设计防火规范》GB 50630—2010

4.2.3 （地下开采矿山工程的防火设计应符合下列规定：）

2 采用燃油为动力的凿岩、装载、运输机械（含油压装置）等移动设备，应配备车载式灭火装置；工作现场应有良好通风和减少环境中粉尘的技术措施；

4.5.5 冶炼（含熔炼、吹炼、精炼等类型）生产工艺的防火设计应符合下列规定：

7 冶炼（喷吹）炉应在工程设计（含生产操作）中采取防止泡沫渣溢出事故的技术措施；对冶炼（喷吹）炉的控制（操作、值班）室和炉体周围设施，应采取有效的安全防范措施，并应符合本规范第4.5.6条、第6.2.2条的有关规定；

9 用于吊运熔融体或进行浇铸作业的厂房起重机（吊车）

应采用冶金专用的铸造桥式起重机；

11 运输熔融体物料（含金属或炉渣）装置出入厂房，应采用专用的铁路运输线；如采用无轨运输时，应设置安全专用通道；

4.5.6 （冶炼生产厂房内具有熔融体作业区的防火设计应符合下列规定：）

1 作业区范围内（含地下、上空）严禁设置车间生活间；

2 应采取防止雨雪飘淋室内的措施，严禁地面积水；不应在场地内设置水沟和给、排水管道，当必需设置时，应有避免水沟中积存水和防止渗漏的可靠构造措施；

4.6.5 （使用（产生）硫化氢、氨气（液氨）氯气（液氯）等介质的厂房（场所），其防火设计应符合下列规定：）

1 必须设置气体浓度监测及报警装置；

2 使用的生产设备及电气应选择防爆型；

3 应有良好的通风条件；

4.6.6 （溶剂萃取工艺生产的防火设计应符合下列规定：）

3 溶剂制备、储存、使用区域不得设置高温、明火的加热装置；

5 厂房内电缆应采取防潮、防油、防腐蚀的相关措施，防止作业区内电气短路电弧发生；

4.8.7 冷轧及冷加工系统的防火设计应符合下列规定：

1 用于涂层、着色的溶剂及黏合剂配制间，应设置机械通风净化装置，并严禁设置明火装置；

2 应对涂着设备设置消除静电聚集的装置。

5.3.1 甲、乙类液体管道和可燃气体管道，不应穿越（含地上、下）与该管道无关的厂房（仓库）、贮罐区以及可燃材料堆场，并严禁穿越控制室、配电室、车间生活间等场所。

5.3.4 （可燃助燃气体管道、可燃液体管道宜架空敷设，当架空敷设有困难时，可采用管沟敷设且应符合下列规定：）

2 氧气管道不应与电缆、电线和可燃液体管道以及腐蚀性介质管道共沟敷设；

6.2.2　受炽热烘烤、熔体喷溅、明火作用的区域，不应设置控制（操作、值班）室，当确需设置时，其构件应采用不燃烧体，并应对门、窗和结构构件采取防火保护措施；当具有爆炸危险时，尚应设置有效的防爆设施。

控制（操作、值班）室的安全出口（含通道）应便捷通畅，避开炽热、喷溅、明火直接作用的区域；对于疏散难度较大或者建筑面积大于 $60m^2$ 的控制（操作、值班）室，其安全出口不应少于2个。

8.4.2　处理有爆炸危险性粉尘的干式除尘器应设置在负压段，并应符合下列规定：

1　应采用防爆型布袋除尘器，且应采用抗静电并阻燃滤料；

2　应设置泄压装置；

3　应设置安全联锁装置或遥控装置，当发生爆炸危险时应切断所有电机的电源。

10.3.6　在电缆隧（廊）道或电缆沟内，严禁穿越和敷设可燃、助燃气（液）体管道。

10.4.3　露天设置的可燃气（液）体的钢质储罐，必须设置防雷接地装置，并应符合下列规定：

1　避雷针、线的保护范围应包括整个罐体；

2　装有阻火器的甲、乙类液体地上固定顶罐，当顶板厚度小于4mm时，应装设避雷针、线；

3　可燃气体储罐、丙类液体储罐可不另设避雷针、线，但必须设防感应雷接地设施；

4　罐顶设有放散管的可燃气体储罐应设避雷针。

四、《钢铁冶金企业设计防火规范》GB 50414—2007

4.3.2　甲、乙、丙类液体管道和可燃气体管道不得穿过与其无关的建（构）筑物、生产装置及储罐区等。

4.3.3　高炉煤气、发生炉煤气、转炉煤气和铁合金电炉煤气的管道不应埋地敷设。

4.3.4 氧气管道不得与燃油管道、腐蚀性介质管道和电缆、电线同沟敷设，动力电缆不得与可燃、助燃气体和燃油管道同沟敷设。

5.2.2 甲、乙类液体管道和可燃气体管道严禁穿过防火墙。丙类液体管道不应穿过防火墙，其他管道不宜穿过防火墙，必须穿过时，应采用不燃烧材质的管道，并应在穿过防火墙处采用防火封堵材料紧密填塞缝隙。丙类液体管道应在防火墙处两侧设置切断阀。当穿过防火墙的管道周边有可燃物时，应在墙体两侧1.0m范围内的管道上加设不燃烧绝热材料。

5.3.1 存放、运输液体金属和熔渣的场所，不应设有积水的沟、坑等。如生产确需设置地面沟或坑等时，必须有严密的防水措施，且车间地面标高应高出厂区地面标高0.3m及以上。

6.6.1 厂内各操作室、值班室严禁布置在热风炉燃烧器、除尘器清灰口等可能泄漏煤气的危险区内。

6.6.4 (高炉系统的设计应符合下列规定:)

1 风口、渣口及水套必须密封严密和固定牢固，进出水管应设有固定支撑，风口二套，渣口二、三套均应设有各自的固定支撑。

6.7.2 (主体工艺系统的设计应符合下列规定:)

8 钢包车升降式循环真空脱氧装置（RH）必须防止漏钢钢水浸入地下液压装置。

6.7.3 严禁利用城市道路运输铁水与液渣。

6.7.6 增碳剂等易燃物料的粉料加工间必须设置防爆型粉尘收集装置。

6.8.4 (原料及粒料的设计应符合下列规定:)

4 铝粒车间粒化室必须设置泄爆孔和除尘设施。

6.9.3 可燃介质管道或电线电缆下方禁止停留红钢坯等高温物体，当有高温物体经过时，必须采取隔热防护措施。

6.10.2 镀层与涂层的溶剂室、配制室以及涂层黏合剂配制间应设置机械通风装置和除尘装置。

6.10.3　退火炉地坑应设煤气浓度监测装置。

6.10.4　热镀锌作业线锌锅电感应加热器所处空间应设置通风装置。

6.10.5　涂胶机及其辅助设备应设有消除静电积聚的装置。

6.11.4　（淬火系统的设计应符合下列规定：）

1　应选用专用淬火起重机，驾驶室不得设在油槽（箱）的上方。

6.12.1　液压站、阀台、蓄能器和液压管路应设有安全阀、减压阀和截止阀，蓄能器与油路之间应设有紧急开闭装置。

6.13.1　煤气加压站应在地面上建造。其站房下方禁止设地下室或半地下室。

6.13.3　当煤气设备及煤气管道采用封隔离煤气时，其水封高度应按现行国家标准《工业企业煤气安全规程》GB 6222 的有关规定执行。

9.0.5　凡属下列情况之一时，应单独设置排风系统：

1　两种或两种以上的有害物品混合后能引起燃烧或爆炸的。

2　建筑物内设有储存易燃易爆品的单独房间或有防火防爆要求的单独房间。

10.3.6　可燃气体管道、可燃液体管道严禁穿越和敷设于电缆隧（廊）道或电缆沟。

10.4.3　露天设置的可燃气体、可燃液体钢质储罐必须设防雷接地，并应符合下列规定：

1　避雷针、线的保护范围应包括整个储罐。

2　装有阻火器的甲、乙类液体地上固定顶罐，当顶板厚度小于 4mm 时，应装设避雷针、线。

3　可燃气体储罐、丙类液体钢质储罐必须设防感应雷接地。

4　罐顶设有放散管的可燃气体储罐应设避雷针。

第七章　其他相关

一、《屋面工程技术规范》GB 50345—2012

3.0.5　屋面防水工程应根据建筑物的类别、重要程度、使用功能要求确定防水等级，并应按相应等级进行防水设防；对防水有特殊要求的建筑屋面，应进行专项防水设计。屋面防水等级和设防要求应符合表 3.0.5 的规定。

表 3.0.5　屋面防水等级和设防要求

防水等级	建筑类别	设防要求
Ⅰ级	重要建筑和高层建筑	两道防水设防
Ⅱ级	一般建筑	一道防水设防

4.5.1　卷材、涂膜屋面防水等级和防水做法应符合表 4.5.1 的规定。

表 4.5.1　卷材、涂膜屋面防水等级和防水做法

防水等级	防 水 做 法
Ⅰ级	卷材防水层和卷材防水层、卷材防水层和涂膜防水层、复合防水层
Ⅱ级	卷材防水层、涂膜防水层、复合防水层

注：在Ⅰ级屋面防水做法中，防水层仅作单层卷材时，应符合有关单层防水卷材屋面技术的规定。

4.5.5　每道卷材防水层最小厚度应符合表 4.5.5 的规定。

表 4.5.5　每道卷材防水层最小厚度（mm）

防水等级	合成高分子防水卷材	高聚物改性沥青防水卷材		
		聚酯胎、玻纤胎、聚乙烯胎	自粘聚酯胎	自粘无胎
Ⅰ级	1.2	3.0	2.0	1.5
Ⅱ级	1.5	4.0	3.0	2.0

4.5.6 每道涂膜防水层最小厚度应符合表 4.5.6 的规定。

表 4.5.6 每道涂膜防水层最小厚度（mm）

防水等级	合成高分子防水涂膜	聚合物水泥防水涂膜	高聚物改性沥青防水涂膜
Ⅰ级	1.5	1.5	2.0
Ⅱ级	2.0	2.0	3.0

4.5.7 复合防水层最小厚度应符合表 4.5.7 的规定。

表 4.5.7 复合防水层最小厚度（mm）

防水等级	合成高分子防水卷材＋合成高分子防水涂膜	自粘聚合物改性沥青防水卷材（无胎）＋合成高分子防水涂膜	高聚物改性沥青防水卷材＋高聚物改性沥青防水涂膜	聚乙烯丙纶卷材＋聚合物水泥防水胶结材料
Ⅰ级	1.2＋1.5	1.5＋1.5	3.0＋2.0	(0.7＋1.3)×2
Ⅱ级	1.0＋1.0	1.2＋1.0	3.0＋1.2	0.7＋1.3

4.8.1 瓦屋面防水等级和防水做法应符合表 4.8.1 的规定。

表 4.8.1 瓦屋面防水等级和防水做法

防水等级	防水做法
Ⅰ级	瓦＋防水层
Ⅱ级	瓦＋防水垫层

注：防水层厚度应符合本规范第 4.5.5 条或第 4.5.6 条Ⅱ级防水的规定。

4.9.1 金属板屋面防水等级和防水做法应符合表 4.9.1 的规定。

表 4.9.1 金属板屋面防水等级和防水做法

防水等级	防水做法
Ⅰ级	压型金属板＋防水垫层
Ⅱ级	压型金属板、金属面绝热夹芯板

注：1 当防水等级为Ⅰ级时，压型铝合金板基板厚度不应小于 0.9mm；压型钢板基板厚度不应小于 0.6mm；

2 当防水等级为Ⅰ级时，压型金属板应采用 360°咬口锁边连接方式；

3 在Ⅰ级屋面防水做法中，仅作压型金属板时，应符合《金属压型板应用技术规范》等相关技术的规定。

5.1.6　屋面工程施工必须符合下列安全规定：

1　严禁在雨天、雪天和五级风及其以上时施工；

2　屋面周边和预留孔洞部位，必须按临边、洞口防护规定设置安全护栏和安全网；

3　屋面坡度大于30%时，应采取防滑措施；

4　施工人员应穿防滑鞋，特殊情况下无可靠安全措施时，操作人员必须系好安全带并扣好保险钩。

二、《屋面工程质量验收规范》GB 50207—2012

3.0.6　屋面工程所用的防水、保温材料应有产品合格证书和性能检测报告，材料的品种、规格、性能等必须符合国家现行产品标准和设计要求。产品质量应由经过省级以上建设行政主管部门对其资质认可和质量技术监督部门对其计量认证的质量检测单位进行检测。

3.0.12　屋面防水工程完工后，应进行观感质量检查和雨后观察或淋水、蓄水试验，不得有渗漏和积水现象。

5.1.7　保温材料的导热系数、表观密度或干密度、抗压强度或压缩强度、燃烧性能，必须符合设计要求。

7.2.7　瓦片必须铺置牢固。在大风及地震设防地区或屋面坡度大于100%时，应按设计要求采取固定加强措施。

三、《坡屋面工程技术规范》GB 50693—2011

3.2.10　屋面坡度大于100%以及大风和抗震设防烈度为7度以上的地区，应采取加强瓦材固定等防止瓦材下滑的措施。

3.2.17　严寒和寒冷地区的坡屋面檐口部位应采取防冰雪融坠的安全措施。

3.3.12　坡屋面工程施工应符合下列规定：

1　屋面周边和预留孔洞部位必须设置安全护栏和安全网或其他防止坠落的防护措施；

2　屋面坡度大于30%时，应采取防滑措施；

3　施工人员应戴安全帽，系安全带和穿防滑鞋；

4　雨天、雪天和五级风及以上时不得施工；

5　施工现场应设置消防设施，并应加强火源管理。

10.2.1　单层防水卷材的厚度和搭接宽度应符合表 10.2.1-1 和表 10.2.1-2 的规定：

表 10.2.1-1　单层防水卷材厚度（mm）

防水卷材名称	一级防水厚度	二级防水厚度
高分子防水卷材	≥1.5	≥1.2
弹性体、塑性体改性沥青防水卷材	≥5	

表 10.2.1-2　单层防水卷材搭接宽度（mm）

<table>
<tr><td rowspan="4">防水卷材名称</td><td colspan="5">长边、短边搭接方式</td></tr>
<tr><td rowspan="3">满粘法</td><td colspan="4">机械固定法</td></tr>
<tr><td colspan="2">热风焊接</td><td colspan="2">搭接胶带</td></tr>
<tr><td>无覆盖机械固定垫片</td><td>有覆盖机械固定垫片</td><td>无覆盖机械固定垫片</td><td>有覆盖机械固定垫片</td></tr>
<tr><td>高分子防水卷材</td><td>≥80</td><td>≥80 且有效焊缝宽度≥25</td><td>≥120 且有效焊缝宽度≥25</td><td>≥120 且有效粘结宽度≥75</td><td>≥200 且有效粘结宽度≥150</td></tr>
<tr><td>弹性体、塑性体改性沥青防水卷材</td><td>≥100</td><td>≥80 且有效焊缝宽度≥40</td><td>≥120 且有效焊缝宽度≥40</td><td colspan="2">—</td></tr>
</table>

四、《倒置式屋面工程技术规程》JGJ 230—2010

3.0.1　倒置式屋面工程的防水等级应为Ⅰ级，防水层合理使用年限不得少于 20 年。

4.3.1　保温材料的性能应符合下列规定：

1　导热系数不应大于 0.080W/（m·K）；

2　使用寿命应满足设计要求；

3　压缩强度或抗压强度不应小于 150kPa；

4 体积吸水率不应大于3%；

5 对于屋顶基层采用耐火极限不小于1.00h的不燃烧体的建筑，其屋顶保温材料的燃烧性能不应低于B2级；其他情况，保温材料的燃烧性能不应低于B1级。

5.2.5 倒置式屋面保温层的设计厚度应按计算厚度增加25%取值，且最小厚度不得小于25mm。

7.2.1 既有建筑倒置式屋面改造工程设计，应由原设计单位或具备相应资质的设计单位承担。当增加屋面荷载或改变使用功能时，应先做设计方案或评估报告。

五、《种植屋面工程技术规范》JGJ 155—2007

3.0.1 新建种植屋面工程的结构承载力设计，必须包括种植荷载。既有建筑屋面改造成种植屋面时，荷载必须在屋面结构承载力允许的范围内。

3.0.7 种植屋面防水层的合理使用年限不应少于15年。应采用二道或二道以上防水层设防，最上道防水层必须采用耐根穿刺防水材料。防水层的材料应相容。

5.1.7 花园式屋面种植的布局应与屋面结构相适应；乔木类植物和亭台、水池、假山等荷载较大的设施，应设在承重墙或柱的位置。

6.1.10 进场的防水材料和保温隔热材料，应按规定抽样复验，提供检验报告。严禁使用不合格材料。

六、《地下防水工程质量验收规范》GB 50208—2011

4.1.16 防水混凝土结构的施工缝、变形缝、后浇带、穿墙管、埋设件等设置和构造必须符合设计要求。

4.4.8 涂料防水层的平均厚度应符合设计要求，最小厚度不得小于设计厚度的90%。

5.2.3 中埋式止水带埋设位置应准确，其中间空心圆环与变形缝的中心线应重合。

5.3.4　采用掺膨胀剂的补偿收缩混凝土，其抗压强度、抗渗性能和限制膨胀率必须符合设计要求。

7.2.12　隧道、坑道排水系统必须通畅。

七、《地下工程防水技术规范》GB 50108—2008

3.1.4　地下工程迎水面主体结构应采用防水混凝土，并应根据防水等级的要求采取其他防水措施。

3.2.1　地下工程的防水等级应分为四级，各等级防水标准应符合表 3.2.1 的规定。

表 3.2.1　地下工程防水标准

防水等级	防 水 标 准
一级	不允许渗水，结构表面无湿渍
二级	不允许漏水，结构表面可有少量湿渍； 工业与民用建筑：总湿渍面积不应大于总防水面积(包括顶板、墙面、地面)的 1/1000；任意 100m^2 防水面积上的湿渍不超过 2 处，单个湿渍的最大面积不大于 0.1m^2； 其他地下工程：总湿渍面积不应大于总防水面积的 2/1000；任意 100m^2 防水面积上的湿渍不超过 3 处，单个湿渍的最大面积不大于 0.2m^2；其中，隧道工程还要求平均渗水量不大于 0.05L/(m^2·d)，任意 100m^2 防水面积上的渗水量不大于 0.15L/(m^2·d)
三级	有少量漏水点，不得有线流和漏泥砂； 任意 100m^2 防水面积上的漏水或湿渍点数不超过 7 处，单个漏水点的最大漏水量不大于 2.5L/d，单个湿渍的最大面积不大于 0.3m^2
四级	有漏水点，不得有线流和漏泥砂； 整个工程平均漏水量不大于 2L/(m^2·d)；任意 100m^2 防水面积上的平均漏水量不大于 4L/(m^2·d)

3.2.2　地下工程不同防水等级的适用范围，应根据工程的重要性和使用中对防水的要求按表 3.2.2 选定。

表 3.2.2 不同防水等级的适用范围

防水等级	适用范围
一级	人员长期停留的场所；因有少量湿渍会使物品变质、失效的贮物场所及严重影响设备正常运转和危及工程安全运营的部位；极重要的战备工程、地铁车站
二级	人员经常活动的场所；在有少量湿渍的情况下不会使物品变质、失效的贮物场所及基本不影响设备正常运转和工程安全运营的部位；重要的战备工程
三级	人员临时活动的场所；一般战备工程
四级	对渗漏水无严格要求的工程

4.1.22 防水混凝土拌合物在运输后如出现离析，必须进行二次搅拌。当坍落度损失后不能满足施工要求时，应加入原水胶比的水泥浆或掺加同品种的减水剂进行搅拌，严禁直接加水。

4.1.26 施工缝的施工应符合下列规定：

1 水平施工缝浇筑混凝土前，应将其表面浮浆和杂物清除，然后铺设净浆或涂刷混凝土界面处理剂、水泥基渗透结晶型防水涂料等材料，再铺 30～50mm 厚的 1∶1 水泥砂浆，并应及时浇筑混凝土；

2 垂直施工缝浇筑混凝土前，应将其表面清理干净，再涂刷混凝土界面处理剂或水泥基渗透结晶型防水涂料，并应及时浇筑混凝土；

5.1.3 变形缝处混凝土结构的厚度不应小于 300mm。

八、《泵站设计规范》GB 50265—2010

6.1.3 泵房挡水部位顶部安全加高不应小于表 6.1.3 的规定。

表 6.1.3 泵房挡水部位顶部安全加高下限值（m）

运用情况	泵站建筑物级别			
	1	2	3	4、5
设计	0.7	0.5	0.4	0.3
校核	0.5	0.4	0.3	0.2

注：1 安全加高系指波浪，壅浪计算顶高程以上距离泵房挡水部位顶部的高度；

2 设计运用情况系指泵站在设计运行水位或设计洪水位时运用的情况，校核运用情况系指泵站在最高运行水位或校核洪水位时运用的情况。

6.3.5 泵房沿基础底面抗滑稳定安全系数允许值应按表 6.3.5 采用。

表 6.3.5 抗滑稳定安全系数允许值

地基类别	荷载组合		泵站建筑物级别				适用公式
			1	2	3	4、5	
土基	基本组合		1.35	1.30	1.25	1.20	适用于公式（6.3.4-1）或公式（6.3.4-2）
	特殊组合	Ⅰ	1.20	1.15	1.10	1.05	
		Ⅱ	1.10	1.05	1.05	1.00	
岩基	基本组合		1.10	1.08		1.05	适用于公式（6.3.4-1）
	特殊组合	Ⅰ	1.05	1.03		1.00	
		Ⅱ	1.00				
	基本组合		3.00				适用于公式（6.3.4-3）
	特殊组合	Ⅰ	2.50				
		Ⅱ	2.30				

注：特殊组合Ⅰ适用于施工工况、检修工况和非常运用工况，特殊组合Ⅱ适用于地震工况。

6.3.7 泵房抗浮稳定安全系数的允许值，不分泵站级别和地基类别，基本荷载组合下不应小于 1.10，特殊荷载组合下不应小于 1.05。

九、《煤炭工业给水排水设计规范》GB 50810—2012

2.4.4 消防水池与生产、生活水池合建时，应采取确保消防水量不作他用的措施。

3.2.2 井下排水、露天矿疏干水、矿坑排水及生活污水，应作为水资源用于生产、生活和农田灌溉。多余水量排放时，必须分别达到现行国家标准《煤炭工业污染物排放标准》GB 20426、《污水综合排放标准》GB 8978 和当地环保主管部门规定的排放标准要求。

第八章　给水排水相关规范强条节选

一、《民用建筑设计通则》GB 50352—2005

4.2.1　建筑物及附属设施不得突出道路红线和用地红线建造，不得突出的建筑突出物为：化粪池、散水明沟、集水井等。

6.14.1　管道井、烟道、通风道和垃圾管道应分别独立设置，不得使用同一管道系统，并应用非燃烧体材料制作。

二、《办公建筑设计规范》JGJ 67—2006

4.5.8　办公建筑中的变配电所应避免与有酸、碱、粉尘、蒸汽、积水、噪声严重的场所毗邻，并不应直接设在有爆炸危险环境的正上方或正下方，也不应直接设在厕所、浴室等经常积水场所的正下方。

三、《旅馆建筑设计规范》JGJ 62—90

3.2.3　卫生间

4　卫生间不应设在餐厅、厨房、食品贮藏、变配电室等有严格卫生要求或防潮要求用房的直接上层。

四、《综合医院建筑设计规范》JGJ 49—88

3.1.14　厕所

3　厕所应设前室，并应设非手动开关的洗手盆。

5.2.3　下列用房的洗涤池，均应采用非手动开关，并应防止污水外溅：

1　诊查室、诊断室、产房、手术室、检验科、医生办公室、护士室、治疗室、配方室、无菌室；

2 其他有无菌要求或需要防止交叉感染的用房。

5.2.6 洗婴池的热水供应应有控温、稳压装置。

五、《住宅设计规范》GB 50096—2011

8.1.1 住宅应设置室内给水排水系统。

8.1.2 严寒和寒冷地区的住宅应设置采暖设施。

8.1.3 住宅应设置照明供电系统。

8.1.4 住宅计量装置的设置应符合下列规定：

1 各类生活供水系统应设置分户水表；

2 设有集中采暖（集中空调）系统时，应设置分户热计量装置；

3 设有燃气系统时，应设置分户燃气表；

4 设有供电系统时，应设置分户电能表。

8.1.7 下列设施不应设置在住宅套内，应设置在共用空间内：

1 公共功能的管道，包括给水总立管、消防立管、雨水立管、采暖（空调）供回水总立管和配电和弱电干线（管）等，设置在开敞式阳台的雨水立管除外；

2 公共的管道阀门、电气设备和用于总体调节和检修的部件，户内排水立管检修口除外；

3 采暖管沟和电缆沟的检查孔。

8.2.1 住宅各类生活供水系统水质应符合国家现行有关标准的规定。

8.2.2 入户管的供水压力不应大于 0.35MPa。

8.2.6 厨房和卫生间的排水立管应分别设置。排水管道不得穿越卧室。

8.2.10 无存水弯的卫生器具和无水封的地漏与生活排水管道连接时，在排水口以下应设存水弯；存水弯和有水封地漏的水封高度不应小于 50mm。

8.2.11 地下室、半地下室中低于室外地面的卫生器具和地漏的排水管，不应与上部排水管连接，应设置集水设施用污水泵排出。

8.2.12 采用中水冲洗便器时，中水管道和预留接口应设明显标识。坐便器安装洁身器时，洁身器应与自来水管连接，严禁与中水管连接。

8.3.2 除电力充足和供电政策支持，或建筑所在地无法利用其他形式的能源外，严寒和寒冷地区、夏热冬冷地区的住宅不应设计直接电热作为室内采暖主体热源。

8.3.3 住宅采暖系统应采用不高于95℃的热水作为热媒，并应有可靠的水质保证措施。热水温度和系统压力应根据管材、室内散热设备等因素确定。

8.3.4 住宅集中采暖的设计，应进行每一个房间的热负荷计算。

8.3.6 设置采暖系统的普通住宅的室内采暖计算温度，不应低于表8.3.6的规定。

表8.3.6　室内采暖计算温度

用　　房	温度（℃）
卧室、起居室（厅）和卫生间	18
厨房	15
设采暖的楼梯间和走廊	14

8.3.12 采用户式燃气采暖热水炉作为采暖热源时，其热效率应符合现行国家标准《家用燃气快速热水器和燃气采暖热水炉能效限定值及能效等级》GB 20665中能效等级3级的规定值。

8.4.1 住宅管道燃气的供气压力不应高于0.2MPa。住宅内各类用气设备应使用低压燃气，其入口压力应在0.75～1.5倍燃具额定范围内。

8.4.3 燃气设备的设置应符合下列规定：

1 燃气设备严禁设置在卧室内；

2 严禁在浴室内安装直接排气式、半密闭式燃气热水器等在使用空间内积聚有害气体的加热设备；

3 户内燃气灶应安装在通风良好的厨房、阳台内；

4　燃气热水器等燃气设备应安装在通风良好的厨房、阳台内或其他非居住房间。

8.4.4　住宅内各类用气设备的烟气必须排至室外。排气口应采取防风措施，安装燃气设备的房间应预留安装位置和排气孔洞位置；当多台设备合用竖向排气道排放烟气时，应保证互不影响。户内燃气热水器、分户设置的采暖或制冷燃气设备的排气管不得与燃气灶排油烟机的排气管合并接入同一管道。

8.5.3　无外窗的暗卫生间，应设置防止回流的机械通风设施或预留机械通风设置条件。

8.7.3　每套住宅应设置户配电箱，其电源总开关装置应采用可同时断开相线和中性线的开关电器。

8.7.4　套内安装在1.80m及以下的插座均应采用安全型插座。

8.7.5　共用部位应设置人工照明，应采用高效节能的照明装置和节能控制措施。当应急照明采用节能自熄开关时，必须采取消防时应急点亮的措施。

8.7.9　当发生火警时，疏散通道上和出入口处的门禁应能集中解锁或能从内部手动解锁。

六、《人民防空地下室设计规范》GB 50038—2005

3.7.2　平战结合的防空地下室中，下列各项应在工程施工、安装时一次完成：

——战时使用的给水引入管、排水出户管和防爆波地漏。

6.2.6　在防空地下室的清洁区内，每个防护单元均应设置生活用水、饮用水贮水池（箱）。贮水池（箱）的有效容积应根据防空地下室战时的掩蔽人员数量、战时用水量标准及贮水时间计算确定。

6.2.13　防空地下室给水管道上防护阀门的设置及安装应符合下列要求：

1　当给水管道从出入口引入时，应在防护密闭门的内侧设置；当从人防围护结构引入时，应在人防围护结构的内侧设置；

穿过防护单元之间的防护密闭隔墙时，应在防护密闭隔墙两侧的管道上设置；

2　防护阀门的公称压力不应小于1.0MPa；

3　防护阀门应采用阀芯为不锈钢或铜材质的闸阀或截止阀；

6.5.9　柴油发电机房的输油管当从出入口引入时，应在防护密闭门内设置油用阀门；当从围护结构引入时，应在外墙内侧或顶板内侧设置油用阀门，其公称压力不得小于1.0MPa，该阀门应设置在便于操作处，并应有明显的启闭标志。在室外的适当位置应设置与防空地下室抗力级别相同的油管接头井。

七、《殡仪馆建筑设计规范》JGJ 124—99

8.2.1　殡仪馆建筑应设给水、排水及消防给水系统。

8.2.2　殡仪馆内各区生活用水量不应低于表8.2.2的规定。

表8.2.2　生活用水量

用水房间名称	单位	生活用水定额（最高日）（L）	小时变化系数
业务区、殡仪区和火化区用房	每人每班	60（其中热水30）	2.0～2.5
职工食堂	每人每次	15	1.5～2.0
办公用房	每人每班	60	2.0～2.5
浴池	每人每次	170（其中热水110）	2.0
办公区（饮用水）	每人每班	2	1.5
殡仪区（饮用水）	每人每次	0.3	1.0

注：上述生活用水量中，热水水温为60℃，饮水水温为100℃。

8.2.3　殡仪馆建筑给水的水质应符合现行国家标准《生活饮用水卫生标准》GB 5749的规定。

8.2.4　遗体处置用房应设给水、排水设施。

8.2.5　遗体处置用房和火化间的洗涤池均应采用非手动开关，并应防止污水外溅。

8.2.6　遗体处置用房和火化间应采用防腐蚀排水管道，排水管内径不应小于 75mm。上述用房内均应设置地漏。

8.2.7　遗体处置用房和火化间等的污水排放应符合现行国家标准《医疗机构水污染物排放标准》GB 18466 的规定。

8.2.8　殡仪馆绿地应设洒水栓。

八、《实验动物设施建筑技术规范》GB 50447—2008

8.0.10　屏障环境设施净化区内不应设置自动喷水灭火系统，应根据需要采取其他灭火措施。

九、《住宅建筑规范》GB 50368—2005

4　外部环境

4.4　室外环境

4.4.3　人工景观水体的补充水严禁使用自来水。无护栏水体的近岸 2m 范围内及园桥、汀步附近 2m 范围内，水深不应大于 0.5m。

4.5　竖向

4.5.1　地面水的排水系统，应根据地形特点设计，地面排水坡度不应小于 0.2%。

5　建筑

5.1　套内空间

5.1.3　卫生间不应直接布置在下层住户的卧室、起居室（厅）、厨房、餐厅的上层。卫生间地面和局部墙面应有防水构造。

5.1.4　卫生间应设置便器、洗浴器、洗面器等设施或预留位置；布置便器的卫生间的门不应直接开在厨房内。

5.1.7　阳台地面构造应有排水措施。

5.4　地下室

5.4.1　住宅的卧室、起居室（厅）、厨房不应布置在地下室。当布置在半地下室时，必须采取采光、通风、日照、防潮、排水及安全防护措施。

5.4.4　住宅地下室应采取有效防水措施。

7　室内环境

7.1　噪声和隔声

7.1.4　水、暖、电、气管线穿过楼板和墙体时，孔洞周边应采取密封隔声措施。

7.1.6　管道井、水泵房、风机房应采取有效的隔声措施，水泵、风机应采取减振措施。

8　设备

8.1　一般规定

8.1.1　住宅应设室内给水排水系统。

8.1.2　严寒地区和寒冷地区的住宅应设采暖设施。

8.1.4　住宅的给水总立管、雨水立管、消防立管、采暖供回水总立管和电气、电信干线（管），不应布置在套内。公共功能的阀门、电气设备和用于总体调节和检修的部件，应设在共用部位。

8.1.5　住宅的水表、电能表、热量表和燃气表的设置应便于管理。

8.2　给水排水

8.2.1　生活给水系统和生活热水系统的水质、管道直饮水系统的水质和生活杂用水系统的水质均应符合使用要求。

8.2.2　生活给水系统应充分利用城镇给水管网的水压直接供水。

8.2.3　生活饮用水供水设施和管道的设置，应保证二次供水的使用要求。供水管道、阀门和配件应符合耐腐蚀和耐压的要求。

8.2.4　套内分户用水点的给水压力不应小于 0.05MPa，入户管的给水压力不应大于 0.35MPa。

8.2.5　采用集中热水供应系统的住宅，配水点的水温不应低于 45℃。

8.2.6　卫生器具和配件应采用节水型产品，不得使用一次冲水量大于 6L 的坐便器。

8.2.7　住宅厨房和卫生间的排水立管应分别设置。排水管道不得穿越卧室。

8.2.8　设有淋浴器和洗衣机的部位应设置地漏，其水封深度不得小于50mm。构造内无存水弯的卫生器具与生活排水管道连接时，在排水口以下应设存水弯，其水封深度不得小于50mm。

8.2.9　地下室、半地下室中卫生器具和地漏的排水管，不应与上部排水管连接。

8.2.10　适合建设中水设施和雨水利用设施的住宅，应按照当地的有关规定配套建设中水设施和雨水利用设施。

8.2.11　设有中水系统的住宅，必须采取确保使用、维修和防止误饮误用的安全措施。

8.3　采暖、通风与空调

8.3.1　集中采暖系统应采取分室（户）温度调节措施，并应设置分户（单元）计量装置或预留安装计量装置的位置。

8.3.2　设置集中采暖系统的住宅，室内采暖计算温度不应低于表8.3.2的规定：

表8.3.2　采暖计算温度

空间类别	采暖计算温度
卧室、起居室（厅）和卫生间	18℃
厨　房	15℃
设采暖的楼梯间和走廊	14℃

8.3.3　集中采暖系统应以热水为热媒，并应有可靠的水质保证措施。

8.3.4　采暖系统应没有冻结危险，并应有热膨胀补偿措施。

8.3.5　除电力充足和供电政策支持外，严寒地区和寒冷地区的住宅内不应采用直接电热采暖。

8.3.6　厨房和无外窗的卫生间应有通风措施，且应预留安装排风机的位置和条件。

8.3.7　当采用竖向通风道时，应采取防止支管回流和竖井泄漏的措施。

8.3.8　当选择水源热泵作为居住区或户用空调（热泵）机组的冷热源时，必须确保水源热泵系统的回灌水不破坏和不污染所使用的水资源。

9　防火与疏散

9.6　消防给水与灭火设施

9.6.1　8层及8层以上的住宅建筑应设置室内消防给水设施。

9.6.2　35层及35层以上的住宅建筑应设置自动喷水灭火系统。

十、《铁路旅客车站建筑设计规范》GB 50226—2007

5.7.1　旅客站房应设厕所和盥洗间。

5.8.8　旅客车站均应有饮用水供应设施。

十一、《文化馆建筑设计规范》JGJ 41—87

3.1.3　文化馆设置儿童、老年人专用的活动房间时，应布置在当地最佳朝向和出入安全、方便的地方，并分别设有适于儿童和老年人使用的卫生间。

十二、《汽车客运站建筑设计规范》JGJ 60—99

8.1.1　各级汽车客运站应设室内外给排水系统。

8.1.2　一级站宜设置汽车自动冲洗装置；二、三级站应设汽车冲洗台。

8.1.3　严寒及寒冷地区的一级站旅客盥洗间应有热水供应。

8.1.4　站场污水应进行处理，达到排放标准后方可排入下水系统。

8.1.5　汽车客运站及停车场消防给水设计，应符合现行国家标准《建筑设计防火规范》GB 50016、《汽车库、修车库、停车场设计防火规范》GB 50067的有关规定。

十三、《港口客运站建筑设计规范》JGJ 86—92

6.0.7　一、二、三级港口客运站应设室内消防给水系统。

十四、《食品工业洁净用房建筑技术规范》GB 50687—2011

8.3.4

1　Ⅰ级洁净用房内不应设地漏。

4　Ⅰ级、Ⅱ级洁净用房内不应有排水立管穿过；Ⅲ级、Ⅳ级洁净用房内如有排水立管穿过时，不应设检查口。

第二篇　供热暖通空调

第一章　建筑供热采暖通风空调

一、《采暖通风与空气调节设计规范》GB 50019—2003

3.1.9　建筑物室内人员所需最小新风量，应符合以下规定：

1　民用建筑人员所需最小新风量按国家现行有关卫生标准确定；

2　工业建筑应保证每人不小于 $30m^3/h$ 的新风量。

4.3.4　幼儿园的散热器必须暗装或加防护罩。

4.3.11　有冻结危险的楼梯间或其他有冻结危险的场所，应由单独的立、支管供暖。散热器前不得设置调节阀。

4.4.11　地板辐射采暖加热管的材质和壁厚的选择，应根据工程的耐久年限、管材的性能、管材的累计使用时间以及系统的运行水温、工作压力等条件确定。

4.5.2　采用燃气红外线辐射采暖时，必须采取相应的防火防爆和通风换气等安全措施。

4.5.4　燃气红外线辐射器的安装高度，应根据人体舒适度确定，但不应低于 3m。

4.5.9　由室内供应空气的厂房或房间，应能保证燃烧器所需要的空气量。当燃烧器所需要的空气量超过该房间每小时 0.5 次的换气次数时，应由室外供应空气。

4.7.4　低温加热电缆辐射采暖和低温电热膜辐射采暖的加热元件及其表面工作温度，应符合国家现行有关产品标准规定的安全要求。

根据不同使用条件，电采暖系统应设置不同类型的温控装置。绝热层、龙骨等配件的选用及系统的使用环境，应满足建筑防火要求。

4.8.17　采暖管道必须计算其热膨胀。当利用管段的自然补偿不能满足要求时，应设置补偿器。

4.9.1　新建住宅热水集中采暖系统，应设置分户热计量和室温控制装置。

5.1.10　凡属设有机械通风系统的房间，人员所需的新风量应满足第3.1.9条的规定；人员所在房间不设机械通风系统时，应有可开启外窗。

5.1.12　凡属下列情况之一时，应单独设置排风系统：

1　两种或两种以上的有害物质混合后能引起燃烧或爆炸时；

2　混合后能形成毒害更大或腐蚀性的混合物、化合物时；

3　混合后易使蒸汽凝结并聚积粉尘时；

4　散发剧毒物质的房间和设备；

5　建筑物内设有储存易燃易爆物质的单独房间或有防火防爆要求的单独房间。

5.3.3　要求空气清洁的房间，室内应保持正压。放散粉尘、有害气体或有爆炸危险物质的房间，应保持负压。

当要求空气清洁程度不同或与有异味的房间比邻且有门（孔）相通时，应使气流从较清洁的房间流向污染较严重的房间。

5.3.4　机械送风系统进风口的位置，应符合下列要求：

1　应直接设在室外空气较清洁的地点；

2　应低于排风口；

5.3.5　用于甲、乙类生产厂房的送风系统，可共用同一进风口，但应与丙、丁、戊类生产厂房和辅助建筑物及其他通风系统的进风口分设；对有防火防爆要求的通风系统，其进风口应设在不可能有火花溅落的安全地点，排风口应设在室外安全处。

5.3.6　凡属下列情况之一时，不应采用循环空气：

1　甲、乙类生产厂房，以及含有甲、乙类物质的其他厂房；

2　丙类生产厂房，如空气中含有燃烧或爆炸危险的粉尘、纤维，含尘浓度大于或等于其爆炸下限的25%时；

3　含有难闻气味以及含有危险浓度的致病细菌或病毒的

房间；

4 对排除含尘空气的局部排风系统，当排风经净化后，其含尘浓度仍大于或等于工作区容许浓度的30%时。

5.3.12 排除有爆炸危险的气体、蒸汽和粉尘的局部排风系统，其风量应按在正常运行和事故情况下，风管内这些物质的浓度不大于爆炸下限的50%计算。

5.3.14 建筑物全面排风系统吸风口的布置，应符合下列规定：

1 位于房间上部区域的吸风口，用于排除余热、余湿和有害气体时（含氢气时除外），吸风口上缘至顶棚平面或屋顶的距离不大于0.4m；

2 用于排除氢气与空气混合物时，吸风口上缘至顶棚平面或屋顶的距离不大于0.1m；

3 位于房间下部区域的吸风口，其下缘至地板间距不大于0.3m；

4 因建筑结构造成有爆炸危险气体排出的死角处，应设置导流设施。

5.4.6 事故通风的通风机，应分别在室内、外便于操作的地点设置电器开关。

5.6.10 净化有爆炸危险的粉尘和碎屑的除尘器、过滤器及管道等，均应设置泄爆装置。

净化有爆炸危险粉尘的干式除尘器和过滤器，应布置在系统的负压段上。

5.7.5 在下列条件下，应采用防爆型设备：

1 直接布置在有甲、乙类物质场所中的通风、空气调节和热风采暖的设备；

2 排除有甲、乙类物质的通风设备；

3 排除含有燃烧或爆炸危险的粉尘、纤维等丙类物质，其含尘浓度高于或等于其爆炸下限的25%时的设备。

5.7.8 用于甲、乙类的场所的通风、空气调节和热风采暖的送风设备，不应与排风设备布置在同一通风机室内。

用于排除甲、乙类物质的排风设备，不应与其他系统的通风设备布置在同一通风机室内。

5.8.5　输送高温气体的风管，应采取热补偿措施。

5.8.15　可燃气体管道、可燃液体管道和电线、排水管道等，不得穿过风管的内腔，也不得沿风管的外壁敷设。可燃气体管道和可燃液体管道，不应穿过通风机室。

6.2.1　除方案设计或初步设计阶段可使用冷负荷指标进行必要的估算之外，应对空气调节区进行逐项逐时的冷负荷计算。

6.2.15　空气调节区的夏季冷负荷，应按各项逐时冷负荷的综合最大值确定。

空气调节系统的夏季冷负荷，应根据所服务空气调节区的同时使用情况、空气调节系统的类型及调节方式，按各空气调节区逐时冷负荷的综合最大值或各空气调节区夏季冷负荷的累计值确定，并应计入各项有关的附加冷负荷。

6.6.3　空气的蒸发冷却采用江水、湖水、地下水等天然冷源时，应符合下列要求：

1　水质符合卫生要求；

2　水的温度、硬度等符合使用要求；

3　使用过后的回水予以再利用；

4　地下水使用过后的回水全部回灌并不得造成污染。

6.6.8　空气调节系统采用制冷剂直接膨胀式空气冷却器时，不得用氨作制冷剂。

7.1.5　电动压缩式机组的总装机容量，应按本规范第6.2.15条计算的冷负荷选定，不另作附加。

7.1.7　选择电动压缩式机组时，其制冷剂必须符合有关环保要求，采用过渡制冷剂时，其使用年限不得超过中国禁用时间表的规定。

二、《民用建筑供暖通风与空气调节设计规范》GB 50736—2012

3.0.6　设计最小新风量应符合下列规定：

1　公共建筑主要房间每人所需最小新风量应符合表 3.0.6-1 规定。

表 3.0.6-1　公共建筑主要房间每人所需最小新风量［m^3/（h·人)］

建筑房间类型	新风量
办公室	30
客房	30
大堂、四季厅	10

5.2.1　集中供暖系统的施工图设计，必须对每个房间进行热负荷计算。

5.3.5　管道有冻结危险的场所，散热器的供暖立管或支管应单独设置。

5.3.10　幼儿园、老年人和特殊功能要求的建筑的散热器必须暗装或加防护罩。

5.4.3　热水地面辐射供暖系统地面构造，应符合下列规定：

1　直接与室外空气接触的楼板、与不供暖房间相邻的地板为供暖地面时，必须设置绝热层；

5.4.6　热水地面辐射供暖塑料加热管的材质和壁厚的选择，应根据工程的耐久年限、管材的性能以及系统的运行水温、工作压力等条件确定。

5.5.1　除符合下列条件之一外，不得采用电加热供暖：

1　供电政策支持；

2　无集中供暖和燃气源，且煤或油等燃料的使用受到环保或消防严格限制的建筑；

3　以供冷为主，供暖负荷较小且无法利用热泵提供热源的建筑；

4　采用蓄热式电散热器、发热电缆在夜间低谷电进行蓄热，且不在用电高峰和平段时间启用的建筑；

5　由可再生能源发电设备供电，且其发电量能够满足自身电加热量需求的建筑。

5.5.5　根据不同的使用条件，电供暖系统应设置不同类型的温控装置。

5.5.8　安装于距地面高度 180cm 以下的电供暖元器件，必须采取接地及剩余电流保护措施。

5.6.1　采用燃气红外线辐射供暖时，必须采取相应的防火和通风换气等安全措施，并符合国家现行有关燃气、防火规范的要求。

5.6.6　由室内供应空气的空间应能保证燃烧器所需要的空气量。当燃烧器所需要的空气量超过该空间 0.5 次/h 的换气次数时，应由室外供应空气。

5.7.3　户式燃气炉应采用全封闭式燃烧、平衡式强制排烟型。

5.9.5　当供暖管道利用自然补偿不能满足要求时，应设置补偿器。

5.10.1　集中供暖的新建建筑和既有建筑节能改造必须设置热量计量装置，并具备室温调控功能。用于热量结算的热量计量装置必须采用热量表。

6.1.6　凡属下列情况之一时，应单独设置排风系统：

1　两种或两种以上的有害物质混合后能引起燃烧或爆炸时；

2　混合后能形成毒害更大或腐蚀性的混合物、化合物时；

3　混合后易使蒸汽凝结并聚积粉尘时；

4　散发剧毒物质的房间和设备；

5　建筑物内设有储存易燃易爆物质的单独房间或有防火防爆要求的单独房间；

6　有防疫的卫生要求时。

6.3.2　建筑物全面排风系统吸风口的布置，应符合下列规定：

1　位于房间上部区域的吸风口，除用于排除氢气与空气混合物时，吸风口上缘至顶棚平面或屋顶的距离不大于 0.4m；

2　用于排除氢气与空气混合物时，吸风口上缘至顶棚平面或屋顶的距离不大于 0.1m；

3　用于排出密度大于空气的有害气体时，位于房间下部区域的排风口，其下缘至地板距离不大于0.3m；

4　因建筑结构造成有爆炸危险气体排出的死角处，应设置导流设施。

6.3.9　事故通风应符合下列规定：

2　事故通风应根据放散物的种类，设置相应的检测报警及控制系统。事故通风的手动控制装置应在室内外便于操作的地点分别设置；

6.6.13　高温烟气管道应采取热补偿措施。

6.6.16　可燃气体管道、可燃液体管道和电线等，不得穿过风管的内腔，也不得沿风管的外壁敷设。可燃气体管道和可燃液体管道，不应穿过通风、空调机房。

7.2.1　除在方案设计或初步设计阶段可使用热、冷负荷指标进行必要的估算外，施工图设计阶段应对空调区的冬季热负荷和夏季逐时冷负荷进行计算。

7.2.10　空调区的夏季冷负荷，应按空调区各项逐时冷负荷的综合最大值确定。

7.2.11　空调系统的夏季冷负荷，应按下列规定确定：

1　末端设备设有温度自动控制装置时，空调系统的夏季冷负荷按所服务各空调区逐时冷负荷的综合最大值确定；

3　应计入新风冷负荷、再热负荷以及各项有关的附加冷负荷。

7.5.2　凡与被冷却空气直接接触的水质均应符合卫生要求。空气冷却采用天然冷源时，应符合下列规定：

3　使用过后的地下水应全部回灌到同一含水层，并不得造成污染。

7.5.6　空调系统不得采用氨作制冷剂的直接膨胀式空气冷却器。

8.1.2　除符合下列条件之一外，不得采用电直接加热设备作为空调系统的供暖热源和空气加湿热源：

1　以供冷为主、供暖负荷非常小，且无法利用热泵或其他方式提供供暖热源的建筑，当冬季电力供应充足、夜间可利用低谷电进行蓄热、且电锅炉不在用电高峰和平段时间启用时；

2　无城市或区域集中供热，且采用燃气、用煤、油等燃料受到环保或消防严格限制的建筑；

3　利用可再生能源发电，且其发电量能够满足直接电热用量需求的建筑；

4　冬季无加湿用蒸汽源，且冬季室内相对湿度要求较高的建筑。

8.1.8　空调冷（热）水和冷却水系统中的冷水机组、水泵、末端装置等设备和管路及部件的工作压力不应大于其额定工作压力。

8.2.2　电动压缩式冷水机组的总装机容量，应根据计算的空调系统冷负荷值直接选定，不另作附加；在设计条件下，当机组的规格不能符合计算冷负荷的要求时，所选择机组的总装机容量与计算冷负荷的比值不得超过1.1。

8.2.5　采用氨作制冷剂时，应采用安全性、密封性能良好的整体式氨冷水机组。

8.3.4　地埋管地源热泵系统设计时，应符合下列规定：

1　应通过工程场地状况调查和对浅层地能资源的勘察，确定地埋管换热系统实施的可行性与经济性；

8.3.5　地下水地源热泵系统设计时，应符合下列规定：

4　应对地下水采取可靠的回灌措施，确保全部回灌到同一含水层，且不得对地下水资源造成污染。

8.5.20　空调热水管道设计应符合下列规定：

1　当空调热水管道利用自然补偿不能满足要求时，应设置补偿器；

8.7.7　水蓄冷（热）系统设计应符合下列规定：

4　蓄热水池不应与消防水池合用。

8.10.3　氨制冷机房设计应符合下列规定：

1　氨制冷机房单独设置且远离建筑群；

2　机房内严禁采用明火供暖；

3　机房应有良好的通风条件，同时应设置事故排风装置，换气次数每小时不少于 12 次，排风机应选用防爆型；

8.11.14　锅炉房及换热机房，应设置供热量控制装置。

9.1.5　锅炉房、换热机房和制冷机房的能量计量应符合下列规定：

1　应计量燃料的消耗量；

2　应计量耗电量；

3　应计量集中供热系统的供热量；

4　应计量补水量；

9.4.9　空调系统的电加热器应与送风机连锁，并应设无风断电，超温断电保护装置；电加热器必须采取接地及剩余电流保护措施。

三、《民用建筑太阳能空调工程技术规范》GB 50787—2012

1.0.4　在既有建筑上增设或改造太阳能空调系统，必须经过建筑结构安全复核，满足建筑结构及其他相应的安全性要求，并通过施工图设计文件审查合格后，方可实施。

3.0.6　太阳能集热系统应根据不同地区和使用条件采取防过热、防冻、防结垢、防雷、防雹、抗风、抗震和保证电气安全等技术措施。

5.3.3　安装太阳能集热器的建筑部位，应设置防止太阳能集热器损坏后部件坠落伤人的安全防护设施。

5.4.2　结构设计应为太阳能空调系统安装埋设预埋件或其他连接件。连接件与主体结构的锚固承载力设计值应大于连接件本身的承载力设计值。

5.6.2　太阳能空调系统中所使用的电气设备应设置剩余电流保护、接地和断电等安全措施。

6.1.1　太阳能空调系统的施工安装不得破坏建筑物的结构、屋面防水层和附属设施，不得削弱建筑物在寿命期内承受荷载的能力。

四、《通风与空调工程施工规范》GB 50738—2011

3.1.5 施工图变更需经原设计单位认可，当施工图变更涉及通风与空调工程的使用效果和节能效果时，该项变更应经原施工图设计文件审查机构审查，在实施前应办理变更手续，并应获得监理和建设单位的确认。

11.1.2 管道穿过地下室或地下构筑物外墙时，应采取防水措施，并应符合设计要求。对有严格防水要求的建筑物，必须采用柔性防水套管。

16.1.1 通风与空调系统安装完毕投入使用前，必须进行系统的试运行与调试，包括设备单机试运转与调试、系统无生产负荷下的联合试运行与调试。

五、《空分制氧设备安装工程施工与质量验收规范》GB 50677—2011

3.0.4 空分制氧设备安装工程中从事施焊的焊工必须经考试合格并取得合格证书，同时应在其考试合格项目及其认可的范围内施焊。

3.0.14 工程质量不符合要求，且经处理和返工仍不能满足安全使用要求的工程，严禁验收。

9.1.1 氧气压缩机安装前，凡与氧气接触的机械零件、部件、管道组成件及仪表必须进行脱脂。

11.1.1 精馏塔底部加热器安装前应进行脱脂。

13.8.1 氧气压缩机的氧气试运转必须在氮气或无油空气试运转合格后进行，严禁采用氧气直接试运转。

14.2.10 进入冷箱或密闭容器作业，必须采取通风措施，在作业过程中氧气含量始终不得低于19.5%。

六、《城镇地热供热工程技术规程》CJJ 138—2010

5.1.3 自流井严禁采用地下或半地下井泵房。

5.1.6 当地热井水温超过45℃时，地下或半地下式井泵房必须设置直通室外的安全通道。

9.2.5 严禁采用在地热流体中添加防腐剂的防腐处理方法。

9.3.3 回灌系统严禁使用化学法阻垢。

11.0.5 地热供热尾水排放温度必须小于35℃。

七、《通风与空调工程施工质量验收规范》GB 50243—2002

4.2.3 防火风管的本体、框架与固定材料、密封垫料必须为不燃材料，其耐火等级应符合设计的规定。

检查数量：按材料与风管加工批数量抽查10%，不应少于5件。

检查方法：查验材料质量合格证明文件、性能检测报告，观察检查与点燃试验。

4.2.4 复合材料风管的覆面材料必须为不燃材料，内部的绝热材料应为不燃或难燃 B_1 级，且对人体无害的材料。

检查数量：按材料与风管加工批数量抽查10%，不应少于5件。

检查方法：查验材料质量合格证明文件、性能检测报告，观察检查与点燃试验。

5.2.4 防爆风阀的制作材料必须符合设计规定，不得自行替换。

检查数量：全数检查。

检查方法：核对材料品种、规格，观察检查。

5.2.7 防排烟系统柔性短管的制作材料必须为不燃材料。

检查数量：全数检查。

检查方法：核对材料品种的合格证明文件。

6.2.1 在风管穿过需要封闭的防火、防爆的墙体或楼板时，应设预埋管或防护套管，其钢板厚度不应小于1.6mm。风管与防护套管之间，应用不燃且对人体无危害的柔性材料封堵。

检查数量：按数量抽查20%，不得少于1个系统。

检查方法：尺量、观察检查。

6.2.2 风管安装必须符合下列规定：

1 风管内严禁其他管线穿越；

2 输送含有易燃、易爆气体或安装在易燃、易爆环境的风管系统应有良好的接地，通过生活区或其他辅助生产房间时必须严密，并不得设置接口；

3 室外立管的固定拉索严禁拉在避雷针或避雷网上。

检查数量：按数量抽查20%，不得少于1个系统。

检查方法：手扳、尺量、观察检查。

6.2.3 输送空气温度高于80℃的风管，应按设计规定采取防护措施。

检查数量：按数量抽查20%，不得少于1个系统。

检查方法：观察检查。

7.2.2 通风机传动装置的外露部位以及直通大气的进、出口，必须装设防护罩（网）或采取其他安全设施。

检查数量：全数检查。

检查方法：依据设计图核对、观察检查。

7.2.7 静电空气过滤器金属外壳接地必须良好。

检查数量：按总数抽查20%，不得少于1台。

检查方法：核对材料、观察检查或电阻测定。

7.2.8 电加热器的安装必须符合下列规定：

1 电加热器与钢构架间的绝热层必须为不燃材料；接线柱外露的应加设安全防护罩；

2 电加热器的金属外壳接地必须良好；

3 连接电加热器的风管的法兰垫片，应采用耐热不燃材料。

检查数量：按总数抽查20%，不得少于1台。

检查方法：核对材料、观察检查或电阻测定。

8.2.6 燃油管道系统必须设置可靠的防静电接地装置，其管道法兰应采用镀锌螺栓连接或在法兰处用铜导线进行跨接，且接合良好。

检查数量：系统全数检查。

检查方法：观察检查、查阅试验记录。

8.2.7　燃气系统管道与机组的连接不得使用非金属软管。燃气管道的吹扫和压力试验应为压缩空气或氮气，严禁用水。当燃气供气管道压力大于0.005MPa时，焊缝的无损检测的执行标准应按设计规定。当设计无规定，且采用超声波探伤时，应全数检测，以质量不低于Ⅱ级为合格。

检查数量：系统全数检查。

检查方法：观察检查、查阅探伤报告和试验记录。

11.2.1　通风与空调工程安装完毕，必须进行系统的测定和调整（简称调试）。系统调试应包括下列项目：

1　设备单机试运转及调试；

2　系统无生产负荷下的联合试运转及调试。

检查数量：全数。

检查方法：观察、旁站、查阅调试记录。

11.2.4　防排烟系统联合试运行与调试的结果（风量及正压），必须符合设计与消防的规定。

检查数量：按总数抽查10%，且不得少于2个楼层。

检查方法：观察、旁站、查阅调试记录。

八、　《民用建筑太阳能热水系统应用技术规范》GB 50364—2005

3.0.4　在既有建筑上增设或改造已安装的太阳能热水系统，必须经建筑结构安全复核，并应满足建筑结构及其他相应的安全性要求。

3.0.5　建筑物上安装太阳能热水系统，不得降低相邻建筑的日照标准。

4.3.2　太阳能热水系统应安全可靠，内置加热系统必须带有保证使用安全的装置，并根据不同地区应采取防冻、防结露、防过热、防雷、抗雹、抗风、抗震等技术措施。

4.4.13　安装在建筑上或直接构成建筑围护结构的太阳能集热器，应有防止热水渗漏的安全保障设施。

5.3.3 在安装太阳能集热器的建筑部位，应设置防止太阳能集热器损坏后部件坠落伤人的安全防护设施。

5.3.8 设置太阳能集热器的阳台应符合下列要求：

1 设置在阳台栏板上的太阳能集热器支架应与阳台栏板上的预埋件牢固连接；

2 由太阳能集热器构成的阳台栏板，应满足其刚度、强度及防护功能要求。

5.4.2 太阳能热水系统的结构设计应为太阳能热水系统安装埋设预埋件或其他连接件。连接件与主体结构的锚固承载力设计值应大于连接件本身的承载力设计值。

5.4.4 轻质填充墙不应作为太阳能集热器的支承结构。

5.6.2 太阳能热水系统中所使用的电器设备应有剩余电流保护、接地和断电等安全措施。

6.3.4 支承太阳能热水系统的钢结构支架应与建筑物接地系统可靠连接。

九、《空调通风系统运行管理规范》GB 50365—2005

4.4.1 当制冷机组采用的制冷剂对人体有害时，应对制冷机组定期检查、检测和维护，并应设置制冷剂泄漏报警装置。

4.4.5 空调通风系统冷热源的燃油管道系统的防静电接地装置必须安全可靠。

十、《地源热泵系统工程技术规范》GB 50366—2005，2009年版

3.1.1 地源热泵系统方案设计前，应进行工程场地状况调查，并应对浅层地热能资源进行勘察。

5.1.1 地下水换热系统应根据水文地质勘察资料进行设计。必须采取可靠回灌措施，确保置换冷量或热量后的地下水全部回灌到同一含水层，并不得对地下水资源造成浪费及污染。系统投入运行后，应对抽水量、回灌量及其水质进行定期监测。

十一、《太阳能供热采暖工程技术规范》GB 50495—2009

1.0.5 在既有建筑上增设或改造太阳能供热采暖系统，必须经建筑结构安全复核，满足建筑结构及其他相应的安全性要求，并经施工图设计文件审查合格后，方可实施。

3.1.3 太阳能供热采暖系统应根据不同地区和使用条件采取防冻、防结霜、防过热、防雷、防雹、抗风、抗震和保证电气安全等技术措施。

3.4.1 （太阳能集热系统设计应符合下列基本规定:）

1 建筑物上安装太阳能集热系统，严禁降低相邻建筑的日照标准。

3.6.3 （系统安全和防护的自动控制应符合下列规定:）

4 为防止因系统过热而设置的安全阀应安装在泄压时排出的高温蒸汽和水不会危及周围人员的安全的位置上，并应配备相应的措施；其设定的开启压力，应与系统可耐受的最高工作温度对应的饱和蒸汽压力相一致。

4.1.1 太阳能供热采暖系统的施工安装不得破坏建筑物的结构、屋面、地面防水层和附属设施，不得削弱建筑物在寿命期内承受荷载的能力。

十二、《洁净室施工及验收规范》GB 50591—2010

4.6.11 产生化学、放射、微生物等有害气溶胶或易燃、易爆场合的观察窗，应采用不易破碎爆裂的材料制作。

5.5.6 在回、排风口上安有高效过滤器的洁净室及生物安全柜等装备，在安装前应用现场检漏装置对高效过滤器扫描检漏，并应确认无漏后安装。回、排风口安装后，对非零泄漏边框密封结构，应再对其边框扫描检漏，并应确认无漏；当无法对边框扫描检漏时，必须进行生物学等专门评价。

5.5.7 当在回、排风口上安装动态气流密封排风装置时，应将正压接管与接嘴牢靠连接，压差表应安装于排风装置近旁目测高度处。排风装置中的高效过滤器应在装置外进行扫描检漏，并应确认无漏后再安入装置。

5.5.8　当回、排风口通过的空气含有高危险性生物气溶胶时，在改建洁净室拆装其回、排风过滤器前必须对风口进行消毒，工作人员人身应有防护措施。

5.6.7　用于以过滤生物气溶胶为主要目的、5 级或 5 级以上洁净室或者有专门要求的送风末端高效过滤器或其末端装置安装后，应逐台进行现场扫描检漏，并应合格。

6.3.7　医用气体管道安装后应加色标。不同气体管道上的接口应专用，不得通用。

6.4.1　可燃气体和高纯气体等特殊气体阀门安装前应逐个进行强度和严密性试验。管路系统安装完毕后应对系统进行强度试验。强度试验应采用气压试验，并应采取严格的安全措施，不得采用水压试验。当管道的设计压力大于 0.6MPa 时，应按设计文件规定进行气压试验。

11.4.3　生物安全柜安装就位之后，连接排风管道之前，应对高效过滤器安装边框及整个滤芯面扫描检漏。当为零泄漏排风装置时，应对滤芯面检漏。

十三、《通风管道技术规程》JGJ 141—2004

2.0.7　隐蔽工程的风管在隐蔽前必须经监理人员验收及认可签证。

3.1.3　非金属风管材料应符合下列规定：

1　非金属风管材料的燃烧性能应符合现行国家标准《建筑材料燃烧性能分级方法》GB 8624 中不燃 A 级或难燃 B_1 级的规定。

4.1.6　风管内不得敷设各种管道、电线或电缆，室外立管的固定拉索严禁拉在避雷针或避雷网上。

十四、《地面辐射供暖技术规程》JGJ 142—2004

3.2.1　与土墙相邻的地面，必须设绝热层，且绝热层下部必须设置防潮层。直接与室外空气相邻的楼板，必须设绝热层。

3.8.1　新建住宅低温热水地面辐射供暖系统，应设置分户热计量和温度控制装置。

3.10.6　发热电缆的接地线必须与电源的地线连接。

4.4.1　发热电缆必须有接地屏蔽层。

5.1.6　发热电缆间有搭接时，严禁电缆通电。

5.1.8　地面辐射供暖工程施工过程中，严禁人员踩踏加热管或发热电缆。

5.4.2　发热电缆出厂后严禁剪裁和拼接，有外伤或破损的发热电缆严禁敷设。

5.4.8　发热电缆的热线部分严禁进入冷线预留管。

5.5.5　在加热管或发热电缆的铺设区内，严禁穿凿、钻孔或进行射钉作业。

6.5.1　地面辐射供暖系统未经调试，严禁运行使用。

十五、《蓄冷空调工程技术规程》JGJ 158—2008

3.3.12　水蓄冷系统的蓄冷、蓄热共用水池不应与消防水池合用。

3.3.25　乙烯乙二醇的载冷剂管路系统不应选用内壁镀锌的管材及配件。

十六、《供热计量技术规程》JGJ 173—2009

3.0.1　集中供热的新建建筑和既有建筑的节能改造必须安装热量计算装置。

3.0.2　集中供热系统的热量结算点必须安装热量表。

4.2.1　热源或热力站必须安装供热量自动控制装置。

5.2.1　集中供热工程设计必须进行水力平衡计算，工程竣工验收必须进行水力平衡检测。

7.2.1 新建和改扩建的居住建筑或以散热器为主的公共建筑室内供暖系统应安装自动温度控制阀进行室温调控。

十七、《多联机空调系统工程技术规程》JGJ 174—2010

5.4.6 严禁在管道内有压力的情况下进行焊接。

5.5.3 当多联机空调系统需要排空制冷剂进行维修时，应使用专用回收机对系统内剩余的制冷剂回收。

十八、《锅炉房设计规范》GB 50041—2008

3.0.3 锅炉房燃料的选用应符合下列规定：

3 地下、半地下、地下室和半地下室锅炉房，严禁选用液化石油气或相对密度大于或等于 0.75 的气体燃料；

3.0.4 锅炉房设计必须采取减轻废气、废水、固体废渣和噪声对环境影响的有效措施，排出的有害物和噪声应符合国家现行有关标准、规范的规定。

4.1.3 当锅炉房和其他建筑物相连或设置在其内部时，严禁设置在人员密集场所和重要部门的上一层、下一层、贴邻位置以及主要通道、疏散口的两旁，并应设置在首层或地下室一层靠建筑物外墙部位。

4.3.7 锅炉房出入口的设置，必须符合下列规定：

1 出入口不应少于 2 个。但对独立锅炉房，当炉前走道总长度小于 2m，且总建筑面积小于 200m^2 时，其出入口可设 1 个；

2 非独立锅炉房，其人员出入口必须有 1 个直通室外；

3 锅炉房为多层布置时，其各层的人员出入口不应少于 2 个。楼层上的人员出入口，应有直接通向地面的安全楼梯。

6.1.5 不带安全阀的容积式供油泵，在其出口的阀门前靠近油泵处的管段上，必须装设安全阀。

6.1.7 燃油锅炉房室内油箱的总容量，重油不应超过 5m^3，轻

柴油不应超过 $1m^3$。室内油箱应安装在单独的房间内。当锅炉房总蒸发量大于等于 30t/h，或总热功率大于等于 21MW 时，室内油箱应采用连续进油的自动控制装置。当锅炉房发生火灾事故时，室内油箱应自动停止进油。

6.1.9　室内油箱应采用闭式油箱。油箱上应装设直通室外的通气管，通气管上应设置阻火器和防雨设施。油箱上不应采用玻璃管式油位表。

6.1.14　燃油锅炉房点火用的液化气罐，不应存放在锅炉间，应存放在专用房间内。气罐的总容积应小于 $1m^3$。

7.0.3　燃用液化石油气的锅炉间和有液化石油气管道穿越的室内地面处，严禁设有能通向室外的管沟（井）或地道等设施。

7.0.5　燃气调压装置应设置在有围护的露天场地上或地上独立的建、构筑物内，不应设置在地下建、构筑物内。

11.1.1　蒸汽锅炉必须装设指示仪表监测下列安全运行参数：

1　锅筒蒸汽压力；

2　锅筒水位；

3　锅筒进口给水压力；

4　过热器出口蒸汽压力和温度；

5　省煤器进、出口水温和水压；

6　单台额定蒸发量大于等于 20t/h 的蒸汽锅炉，除应装设本条 1、2、4 款参数的指示仪表外，尚应装设记录仪表。

注：1　采用的水位计中，应有双色水位计或电接点水位计中的 1 种；

2　锅炉有省煤器时，可不监测给水压力。

13.2.21　燃油系统附件严禁采用能被燃油腐蚀或溶解的材料。

13.3.15　燃气管道与附件严禁使用铸铁件。在防火区内使用的阀门，应具有耐火性能。

15.1.1　锅炉房的火灾危险性分类和耐火等级应符合下列要求：

1　锅炉间应属于丁类生产厂房，单台蒸汽锅炉额定蒸发量大于 4t/h 或单台热水锅炉额定热功率大于 2.8MW 时，锅炉间建筑不应低于二级耐火等级；单台蒸汽锅炉额定蒸发量小于等于

4t/h 或单台热水锅炉额定热功率小于等于 2.8MW 时，锅炉间建筑不应低于三级耐火等级。

设在其他建筑物内的锅炉房，锅炉间的耐火等级，均不应低于二级耐火等级；

2　重油油箱间、油泵间和油加热器及轻柴油的油箱间和油泵间应属于丙类生产厂房，其建筑均不应低于二级耐火等级，上述房间布置在锅炉房辅助间内时，应设置防火墙与其他房间隔开；

3　燃气调压间应属于甲类生产厂房，其建筑不应低于二级耐火等级，与锅炉房贴邻的调压间应设置防火墙与锅炉房隔开，其门窗应向外开启并不应直接通向锅炉房，地面应采用不产生火花地坪。

15.1.2　锅炉房的外墙、楼地面或屋面，应有相应的防爆措施，并应有相当于锅炉间占地面积 10%的泄压面积，泄压方向不得朝向人员聚集的场所、房间和人行通道，泄压处也不得与这些地方相邻。地下锅炉房采用竖井泄爆方式时，竖井的净横断面积，应满足泄压面积的要求。当泄压面积不能满足上述要求时，可采用在锅炉房的内墙和顶部（顶棚）敷设金属爆炸减压板作补充。

注：泄压面积可将玻璃窗、天窗、质量小于等于 $120kg/m^2$ 的轻质屋质和薄弱墙等面积包括在内。

15.1.3　燃油、燃气锅炉房锅炉间与相邻的辅助间之间的隔墙，应为防火墙；隔墙上开设的门应为甲级防火门；朝锅炉操作面方向开设的玻璃大观察窗，应采用具有抗爆能力的固定窗。

15.2.2　电动机、启动控制设备、灯具和导线型式的选择，应与锅炉房各个不同的建筑物和构筑物的环境分类相适应。

燃油、燃气锅炉房的锅炉间、燃气调压间、燃油泵房、煤粉制备间、碎煤机间和运煤走廊等有爆炸和火灾危险场所的等级划分，必须符合现行国家标准《爆炸和火灾危险环境电力装置设计规范》GB 50058 的有关规定。

15.3.7　设在其他建筑物内的燃油、燃气锅炉房的锅炉间，应设置独立的送排风系统，其通风装置应防爆，新风量必须符合下列要求：

1　锅炉房设置在首层时，对采用燃油作燃料的，其正常换气次数每小时不应少于 3 次，事故换气次数每小时不应少于 6 次；对采用燃气作燃料的，其正常换气次数每小时不应少于 6 次，事故换气次数每小时不应少于 12 次；

2　锅炉房设置在半地下或半地下室时，其正常换气次数每小时不应少于 6 次，事故换气次数每小时不应少于 12 次；

3　锅炉房设置在地下或地下室时，其换气次数每小时不应少于 12 次；

4　送入锅炉房的新风总量，必须大于锅炉房 3 次的换气量；

5　送入控制室的新风量，应按最大班操作人员计算。

注：换气量中不包括锅炉燃烧所需空气量。

16.1.1　锅炉房排放的大气污染物，应符合现行国家标准《锅炉大气污染物排放标准》GB 13271、《大气污染物综合排放标准》GB 16297 和所在地有关大气污染物排放标准的规定。

16.2.1　位于城市的锅炉房，其噪声控制应符合现行国家标准《城市区域环境噪声标准》GB 3096 的规定。锅炉房噪声对厂界的影响，应符合现行国家标准《工业企业厂界噪声标准》GB 12348 的规定。

16.3.1　锅炉房排放的各类废水，应符合现行国家标准《污水综合排放标准》GB 8978 和《地表水环境质量标准》GB 3838 的规定，并应符合受纳水系的接纳要求。

18.2.6　蒸汽供热系统的凝结水应回收利用，但加热有强腐蚀性物质的凝结水不应回收利用。加热油槽和有毒物质的凝结水，严禁回收利用，并应在处理达标后排放。

18.3.12　热力管道严禁与输送易挥发、易爆、有害、有腐蚀性介质的管道和输送易燃液体、可燃气体、惰性气体的管道敷设在同一地沟内。

十九、《锅炉安装工程施工及验收规范》GB 50273—2009

1.0.3 锅炉安装前和安装过程中，当发现受压部件存在影响安全使用的质量问题时，必须停止安装，并报告建设单位。

5.0.3 锅炉水压试验前应作检查，且应符合下列要求：

4 试压系统的压力表不应少于2只。额定工作压力大于或等于2.5MPa的锅炉，压力表的精度等级应不低于1.6级。额定工作压力小于2.5MPa的锅炉，压力表的精度等级不应低于2.5级。压力表经过校验应并合格，其表盘量程应为试验压力的1.5～3倍。

6.3.2 蒸汽锅炉安全阀的安装和试验，应符合下列要求：

2 蒸汽锅炉安全阀整定压力应符合表6.3.2的规定。锅炉上必须有一个安全阀按表6.3.2中较低的整定压力进行调整；对有过热器的锅炉，按较低压力进行整定的安全阀必须是过热器上的安全阀；

表6.3.2 蒸汽锅炉安全阀的整定压力（MPa）

额定工作压力	安全阀的整定压力
≤0.8	工作压力加0.03
	工作压力加0.05
0.8～3.82	工作压力的1.04倍
	工作压力的1.06倍

注：1 省煤器安全阀整定压力应为装设地点工作压力的1.1倍；

2 表中的工作压力，对于脉冲式安全阀系指冲量接出地点的工作压力，其他类型的安全阀系指安全阀装设地点的工作压力。

3 蒸汽锅炉安全阀应铅垂安装，其排气管管径应与安全阀排出口径一致，其管路应畅通，并直通至安全地点，排汽管底部应装有疏水管。省煤器的安全阀应装排水管。在排水管、排汽管和疏水管上，不得装设阀门；

7 蒸汽锅炉安全阀经调整检验合格后，应加锁或铅封。

6.3.3 热水锅炉安全阀的安装和试验，应符合下列要求：

2 热水锅炉安全阀的整定压力应符合表 6.3.3 的规定。锅炉上必须有一个安全阀按表 6.3.3 中较低的整定压力进行调整；

表 6.3.3 蒸汽锅炉安全阀的整定压力（MPa）

安全阀的整定压力	工作压力的 1.12 倍，且不应小于工作压力加 0.07
	工作压力的 1.14 倍，且不应小于工作压力加 0.1

4 热水锅炉安全阀检验合格后，应加锁或铅封。

6.3.4 有机热载体炉安全阀的安装，应符合下列要求：

2 气相炉最少应安装两只不带手柄的全启式弹簧安全阀，安全阀与筒体连接的短管上应装设一只爆破片，爆破片与锅筒或集箱连接的短管上应加装一只截止阀。气相炉在运行时，截止阀必须处于全开位置；

4 安全阀检验合格后，应加锁或铅封。

10.0.2 工程未办理工程验收手续前，严禁投入使用。

二十、《燃气冷热电三联供工程技术规程》CJJ 145—2010

4.3.9 独立设置的能源站，主机间必须设置 1 个直通室外的出入口；当主机间的面积大于或等于 200m^2 时，其出入口不应少于 2 个，且应分别设在主机间两侧。

4.3.10 设置于建筑物内的能源站，主机间出入口不应少于 2 个，且直通室外或通向安全出口的出入口不应少于 1 个。

4.3.11 燃气增压间、调压间、计量间直通室外或通向安全出口的出入口不应少于 1 个。变配电室出入口不应少于 2 个，且直通室外或通向安全出口的出入口不应少于 1 个。

4.5.1 主机间、燃气增压间、调压间、计量间应设置独立的机械通风系统。

5.1.8 独立设置的能源站，当室内燃气管道设计压力大于 0.8MPa 且小于或等于 2.5MPa 时，以及建筑物内的能源站，当室内燃气管道设计压力大于 0.4MPa 且小于或等于 1.6MPa 时，应符合下列规定：

1 燃气管道应采用无缝钢管和无缝钢制管件。

2 燃气管道应采用焊接连接，管道与设备、阀门的连接应采用法兰连接或焊接连接。

3 管道上严禁采用铸铁阀门及附件。

4 焊接接头应进行100％射线检测和超声波检测。不适用上述检测方法的焊接接头，应进行磁粉或液体渗透检测。焊接质量不得低于现行国家标准《现场设备、工业管道焊接工程施工及验收规范》GB 50236中Ⅱ级的要求。

5 主机间、燃气增压间、调压间、计量间的通风量应符合下列规定：

1） 燃气系统正常工作时，通风换气次数不应小于12次/h；

2） 事故通风时，通风换气次数不应小于20次/h；

3） 燃气系统不工作且关闭燃气总阀门时，通风换气次数不应小于3次/h。

5.1.10 燃气管道应直接引入燃气增压间、调压间或计量间，不得穿过易燃易爆品仓库、变配电室、电缆沟、烟道和进风道。

第二章　城 镇 供 热

一、《城镇供热管网工程施工及验收规范》CJJ 28—2004

3.1.3　土方施工中，对开槽范围内各种障碍物的保护措施应符合下列规定：

1　应取得所属单位的同意和配合；

2　给水、排水、燃气、电缆等地下管线及构筑物必须能正常使用；

3　加固后的线杆、树木等必须稳固；

4　各相邻建筑物和地上设施在施工中和施工后，不得发生沉降、倾斜、塌陷。

3.1.9　土方开挖时，必须按有关规定设置沟槽边护栏、夜间照明灯及指示红灯等设施，并按需要设置临时道路或桥梁。

3.1.13　当沟槽遇有风化岩或岩石时，开挖应由有资质的专业施工单位进行施工。采用爆破法施工时，必须制定安全措施，并经有关部门同意，由专人指挥进行施工。

3.4.3　穿越工程必须保证四周地下管线和构筑物的正常使用。在穿越施工中和掘进施工后，穿越结构上方土层、各相邻建筑物和地上设施不得发生沉降、倾斜、塌陷。

4.4.4　焊缝无损探伤检验应符合下列规定：

4　转动焊口经无损检验不合格时，应取消该焊工对本工程的焊接资格；固定焊口经无损检验不合格时，应对该焊工焊接的焊口按规定的检验比例加倍抽检，仍有不合格时，应取消该焊工焊接资格。对取消焊接资格的焊工所焊的全部焊缝应进行无损探伤检验。

6.4.5　安全阀安装应符合下列规定：

5 蒸汽管道和设备上的安全阀应有通向室外的排汽管。热水管道和设备上的安全阀应有接到安全地点的排水管，并应有足够的截面积和防冻措施确保排放通畅。在排汽管和排水管上不得装设阀门。

8.1.8 当试验过程中发现渗漏时，严禁带压处理。消除缺陷后，应重新进行试验。

8.2.6 输送蒸汽的管道应采用蒸汽进行吹洗，蒸汽吹洗应符合下列规定：

2 吹洗时必须划定安全区，设置标志，确保人员及设施的安全，其他无关人员严禁进入。

二、《城镇供热管网设计规范》CJJ 34—2010

4.3.1 以热电厂和区域锅炉房为热源的热水热力网，补给水水质应符合表 4.3.1 的规定：

表 4.3.1 热力网补给水水质要求

项 目	要 求
浊度（FTU）	≤5.0
硬度（mmol/L）	≤0.60
溶氧（mg/L）	≤0.10
油（mg/L）	≤2.0
pH（25℃）	7.0～11.0

7.4.1 热水热力网供水管道任何一点的压力不应低于供热介质的汽化压力，并应留有 30kPa～50kPa 的富裕压力。

7.4.2 热水热力网的回水压力应符合下列规定：

1 不应超过直接连接用户系统的允许压力；

2 任何一点的压力不应低于 50kPa。

7.4.3 热水热力网循环水泵停止运行时，应保持必要的静态压力，静态压力应符合下列规定：

1 不应使热力网任何一点的水汽化，并应有 30kPa～50kPa

的富裕压力；

2　与热力网直接连接的用户系统应充满水；

3　不应超过系统中任何一点的允许压力。

7.4.4　开式热水热力网非采暖期运行时，回水压力不应低于直接配水用户热水供应系统静水压力再加上 50kPa。

7.5.4　热力网循环泵与中继泵吸入侧的压力，不应低于吸入口可能达到的最高水温下的饱和蒸汽压力加 50kPa。

8.2.8　工作人员经常进入的通行管沟应有照明设备和良好的通风。人员在管沟内工作时，管沟内空气温度不得超过 40℃。

8.2.9　通行管沟应设事故人孔。设有蒸汽管道的通行管沟，事故人孔间距不应大于 100m；热水管道的通行管沟，事故人孔间距不应大于 400m。

8.2.20　热力网管沟内不得穿过燃气管道。

8.2.21　当热力网管沟与燃气管道交叉的垂直净距小于 300mm 时，必须采取可靠措施防止燃气泄漏进管沟。

8.2.22　管沟敷设的热力网管道进入建筑物或穿过构筑物时，管道穿墙处应封堵严密。

8.2.23　地上敷设的供热管道同架空输电线或电气化铁路交叉时，管道的金属部分（包括交叉点两侧 5m 范围内钢筋混凝土结构的钢筋）应接地。接地电阻不应大于 10Ω。

10.4.1　蒸汽热力站应根据生产工艺、采暖、通风、空调及生活热负荷的需要设置分汽缸，蒸汽主管和分支管上应装设阀门。当各种负荷需要不同的参数时，应分别设置分支管、减压减温装置和独立安全阀。

12.3.3　在通行管沟和地下、半地下检查室内的照明灯具应采用防潮的密封型灯具。

12.3.4　在管沟、检查室等湿度较高的场所，灯具安装高度低于 2.2m 时，应采用 24V 以下的安全电压。

14.3.11　街区热水供热管网管沟与燃气管道交叉敷设时，必须采取可靠措施防止燃气泄漏进管沟。

三、《城镇供热直埋蒸汽管道技术规程》CJJ 104—2005

3.2.2 直埋蒸汽管道的工作管，必须采用有补偿的敷设方式。

3.3.2 直埋蒸汽管道必须设备排潮管。

4.0.1 直埋蒸汽管道设计时，应对工作管道进行强度计算及应力验算。

8.4.1 直埋蒸汽管道安装完成后应进行强度和严密性试验。

10.1.2 直埋蒸汽管道疏水井、检查井及构筑物内的临时照明电源电压不得超过36V，严禁使用明火照明。当人员在井内作业时，严禁使用潜水泵。

10.1.3 当发现井室或构筑物内有异味时，应立即进行通风，并应进行检测，确认安全后方可进入操作。

四、《城镇供热管网结构设计规范》CJJ 105—2005

2.0.6 结构混凝土中的碱含量不得大于3.0kg/m³。

2.0.7 结构混凝土中的氯离子含量不得大于0.2%。

2.0.11 砌体结构管沟及检查室的砌体材料，应符合下列规定：

1 烧结普通砖强度等级不应低于MU10；砌筑砂浆应采用水泥砂浆，其强度等级不应低于M7.5。

2 石材强度等级不应低于MU30；砌筑砂浆应采用水泥砂浆，其强度等级不应低于M7.5。

3 蒸压灰砂砖强度等级不应低于MU15；砌筑砂浆应采用水泥砂浆，其强度等级不应低于M10。

4 混凝土砌块强度等级不应低于MU7.5；砌筑砂浆应采用砌块专用砂浆，其强度等级不应低于M7.5。混凝土砌块砌体的孔洞应采用强度等级不低于Cb20的混凝土灌实。

4.2.1 结构按承载能力极限状态进行设计时，除验算结构抗倾覆、抗滑移及抗浮外，均应采用作用效应的基本组合，并应采用下列设计表达式进行设计：

$$\gamma_0 S \leqslant R \tag{4.2.1}$$

式中　γ_0——结构的重要性系数，不应小于1.0；

S——作用效应基本组合的设计值；

R——结构构件抗力的设计值。

4.2.6　结构在组合作用下的抗倾覆、抗滑移及抗浮验算，均应采用含设计稳定性抗力系数（K_s）的设计表达式。K_s值不应小于表4.2.6的规定。验算时，抗力只计入永久作用；抗力和滑动力、倾覆力矩、浮托力均应采用作用的标准值。

表4.2.6　结构的设计稳定性抗力系数 K_s

结构失稳特征		设计稳定性抗力系数 K_s
结构承受水平作用，有沿基底滑动可能性		1.3
结构承受水平作用，有倾覆可能性	管沟、检查室	1.5
	滑动支墩、架空管道活动支架	2.0
	架空管道固定支架、导向支架	2.5
管沟或检查室漂浮	管道检修阶段	1.05
	管道运行阶段	1.1

6.0.6　钢筋的混凝土保护层厚度应符合下列规定：

1　钢筋混凝土结构构件纵向受力的钢筋，其混凝土保护层厚度不应小于钢筋的公称直径，并应符合表6.0.6的规定。

表6.0.6　纵向受力钢筋的混凝土保护层最小厚度

结构类别			保护层最小厚度（mm）
管沟及检查室	盖板	上层	30
		下层	35
	底板	上层	30
		下层	40
	侧墙内、外侧		30
	梁、柱		35
架空管道支架	柱下混凝土独立基础	有垫层的下层筋	40
		无垫层的下层筋	70
	混凝土支架结构		35

注：管沟及检查室底板下应设有混凝土垫层。

五、《城镇地热供热工程技术规程》CJJ 138—2010

5.1.3 自流井严禁采用地下或半地下井泵房。

5.1.6 当地热井水温超过 45℃时，地下或半地下式井泵房必须设置直通室外的安全通道。

9.2.5 严禁采用在地热流体中添加防腐剂的防腐处理方法。

9.3.3 回灌系统严禁使用化学法阻垢。

11.0.5 地热供热尾水排放温度必须小于 35℃。

第三章　其他相关

一、《民用建筑热工设计规范》GB 50176—93

3.2.5　外墙、屋顶、直接接触室外空气的楼板和不采暖楼梯间的隔墙等围护结构，应进行保温验算，其传热阻应大于或等于建筑物所在地区要求的最小传热阻。

4.3.1　围护结构热桥部位的内表面温度不应低于室内空气露点温度。

4.4.4　居住建筑和公共建筑窗户的气密性，应符合下列规定：

一、在冬季室外平均风速大于或等于3.0m/s的地区，对于1～6层建筑，不应低于建筑外窗空气渗透性能的Ⅲ级水平；对于7～30层建筑，不应低于建筑外窗空气渗透性能的Ⅱ级水平。

二、在冬季室外平均风速小于3.0m/s的地区，对于1～6层建筑，不应低于建筑外窗空气渗透性能的Ⅳ级水平；对于7～30层建筑，不应低于建筑外窗空气渗透性能的Ⅲ级水平。

5.1.1　在房间自然通风情况下，建筑物的屋顶和东、西外墙的内表面最高温度，应满足下式要求：

$$\theta_{i\cdot\max} \leqslant t_{e\cdot\max} \tag{5.1.1}$$

6.1.2　采暖期间，围护结构中保温材料因内部冷凝受潮而增加的重量湿度允许增量，应符合表6.1.2的规定。

表6.1.2　采暖期间保温材料重量湿度的允许增量（$\Delta\omega$）（%）

保温材料名称	重量湿度允许增量（$\Delta\omega$）
多孔混凝土（泡沫混凝土、加气混凝土等），ρ_0＝500～700kg/m^3	4
水泥膨胀珍珠岩和水泥膨胀蛭石等，ρ_0＝300～500kg/m^3	6

续表 6.1.2

保温材料名称	重量湿度允许增量 ($\Delta\omega$)
沥青膨胀珍珠岩和沥青膨胀蛭石等，ρ_0 =300～400kg/m³	7
水泥纤维板	5
矿棉、岩棉、玻璃棉及其制品（板或毡）	3
聚苯乙烯泡沫塑料	15
矿渣和炉渣填料	2

二、《硬泡聚氨酯保温防水工程技术规范》GB 50404—2007

3.0.10 喷涂硬泡聚氨酯施工时，应对作业面外易受飞散物料污染的部位采取遮挡措施。

3.0.13 硬泡聚氨酯保温及防水工程所采用的材料应有产品合格证书和性能检测报告，材料的品种、规格、性能等应符合设计要求和本规范的规定。

材料进场后，应按规定抽样复验，提出试验报告，严禁在工程中使用不合格的材料。

4.1.3 硬泡聚氨酯保温层上不得直接进行防水材料热熔、热粘法施工。

4.3.3 平屋面排水坡度不应小于2%，天沟、檐沟的纵向坡度不应小于1%

4.6.24 硬泡聚氨酯保温层厚度必须符合设计要求。

5.2.4 胶粘剂的物理性能应符合表5.2.4的要求。

表5.2.4 胶粘剂物理性能

项目		性能要求
可操作时间（h）		1.5～4.0
拉伸粘结强度（MPa）（与水泥砂浆）	厚强度	≥0.60
	耐水	≥0.40
拉伸粘结强度（MPa）（与硬泡聚氨酯）	原强度	≥0.10并且破坏部位不得位于粘结界面

5.5.33　粘贴硬泡聚氨酯板材时，应将胶粘剂涂在板材背面，粘结层厚度应为3～6mm，粘结面积不得小于硬泡聚氨酯板材面积的40%。

5.6.24　硬泡聚氨酯保温层厚度必须符合设计要求。

三、《外墙外保温工程技术规程》JGJ 144—2004

4.0.2　外墙外保温系统经耐候性试验后，不得出现饰面层起泡或剥落、保护层空鼓或脱落等破坏，不得产生渗水裂缝。具有薄抹面层的外保温系统，抹面层与保温层的拉伸粘结强度不得小于0.1MPa，并且破坏部位应位于保温层内。

4.0.5　EPS板现浇混凝土外墙外保温系统现场粘结强度不得小于0.1MPa，并且破坏部位应位于EPS板内。

4.0.8　胶粘剂与水泥砂浆的拉伸粘结强度在干燥状态下不得小于0.6MPa，浸水48h后不得小于0.4MPa；与EPS板的拉伸粘结强度在干燥状态和浸水48h后均不得小于0.1MPa，并且破坏部位应位于EPS板内。

4.0.10　玻纤网经向和纬向耐碱拉伸断裂强力均不得小于750N/50mm，耐碱拉伸断裂强力保留率均不得小于50%。

5.0.11　外保温工程施工期间以及完工后24h内，基层及环境空气温度不应低于5℃。夏季应避免阳光暴晒。在5级以上大风天气和雨天不得施工。

6.2.7　现场取样胶粉EPS颗粒保温浆料干密度不应大于250kg/m^3，并且不应小于180kg/m^3。现场检验保温层厚度应符合设计要求，不得有负偏差。

6.3.2　无网现浇系统EPS板两面必须预喷刷界面砂浆。

6.4.3　有网现浇系统EPS钢丝网架板厚度、每平方米腹丝数量和表面荷载值应通过试验确定。EPS钢丝网架板构造设计和施工安装应考虑现浇混凝土侧压力影响，抹面层厚度应均匀，钢丝网应完全包覆于抹面层中。

6.5.6　机械固定系统锚栓、预埋金属固定件数量应通过试验确定，并且每平方米不应小于 7 个。单个锚栓拔出力和基层力学性能应符合设计要求。

6.5.9 机械固定系统金属固定件、钢筋网片、金属锚栓和承托件应做防锈处理。

参 考 文 献

1. 强制性条文咨询委员会. 中华人民共和国工程建设标准强制性条文：房屋建筑部分（2009年版）. 北京：中国建筑工业出版社，2009

2. 闫军. 建筑设计强制性条文速查手册. 北京：中国建筑工业出版社，2012

3. 闫军. 建筑结构与岩土强制性条文速查手册. 北京：中国建筑工业出版社，2012

4. 闫军. 建筑施工强制性条文速查手册. 北京：中国建筑工业出版社，2012